园艺大师系列

园艺大师后藤绿的月季12月

栽培手记

[日]后藤绿　著
新锐园艺工作室　组译
于蓉蓉　李　静　主译

中国农业出版社
北　京

Introduction

前　言

“好想种月季”“想看着月季鲜艳绽放”，虽然很多人有这样的想法，但因为有“种月季很难”“很容易遭受病虫害，不好种”的想法而望而却步的人也很多。

我一开始也是这么想的，但是与月季打交道的过程中，长期关注着月季的生长，我突然发现月季的生命力是那么的顽强。

初春，处于萌芽期的月季日新月异，有令人怜爱的花蕾，还有成片绽放的美丽花海。

酷夏，有笔直挺拔的繁枝，有沐浴阳光的绿叶，还有在酷暑中坚定绽放的花朵。

凉秋，花朵在微凉中依旧绽放，枝条为迎接寒冬而悄悄地做着准备，月季火红的果实也挂满了枝头。

寒冬，落叶之后的花蕾染上了银霜。经过一年的生长，月季将会呈现出令人赞叹的健壮姿态。

四季更替，月季为我们展现了千姿百态。比起其他观赏植物，月季更富有韵味和个性，也许栽培月季的乐趣就在这里。

来自月季的寄语：如果选择了我们，请好好照顾我们。

我们为月季花费的精力，月季都会回报给我们。如果家庭成员轮流照顾月季，月季会让你的庭院变得温馨而梦幻。

目 录 CONTENTS

Things to Know about Roses

55 种植月季必须牢记的知识

Rose Cultivation Basics

Your First Rose

种植月季前的准备

“想要在月季的环绕中享受下午茶”“想种植浪漫的粉色月季”“在梦幻般的月季园中生活是怎样的体验？”

有了这样的想法，就需要了解栽培场所的光照和通风等环境条件。月季令人一见钟情的原因有很多，如颜色、形状、香气等。为了培育出美丽的月季，享受栽培的乐趣，挑选适合栽培环境的月季品种是成功的第一步。下面将月季从种植到秋季开花的过程简要说明一下。

庭院种植月季乐趣多

地栽时选择枝条笔直的直立型月季，或是枝头顶端微微下垂的半匍匐月季比较适合。最好根据庭院的空间选择品种。

培养精致且茂盛盆栽的乐趣

盆栽应选择高度在1m以内的直立型月季或匍匐微型月季。如果选择多年生或叶子和果实都很漂亮的品种，四季都可以欣赏。

搭建月季拱门的乐趣

推荐选择匍匐或半匍匐的月季品种。如果要搭建高2m以内的拱门，可以将月季栽培在箱盒里。少刺品种最适合制作拱门。

挑选喜欢的月季花色

说起月季，首先引起人们注意的就是它的色彩。月季自古就深受世界各地人的喜爱，人们对月季进行了长时间的品种改良，创造出了丰富多彩的花色。当我们的目光不由自主地被它们吸引时，可以顺势找到自己喜爱的花色。

月季颜色分为8大类

- 红色 *Red*
- 玫红色 *Magenta*
- 粉色 *Pink*
- 橙色 *Orange*
- 黄色 *Yellow*
- 白色 *White*
- 双色 *Bicolor*
- 紫色 *Purple*

详见13页

Red 红色

红色月季有着与生俱来的存在感，是当之无愧的主角。深红色的月季在秋季更能凸显出其魅力。

'黑火山'（Lavaglut）

Magenta 玫红色

玫红色的月季略带紫色，只是远远的看见它，就能感受到它那华贵的气质。

'大游行'（Parade）

Pink 粉色

粉色月季时而雅致时而可爱，能很好地与周围融合，又能让人一见倾心。

'薰衣草少女'（Lavender Lassie）

Orange 橙色

从杏黄色到橙色、奶茶色，橙色月季是现代月季中衍生出的美丽品种。

'铜管乐队'（Brass band）

Yellow 黄色

黄色月季的祖先是波斯的原种月季。进入20世纪才诞生了明黄色月季，近来更加精致了。

'格拉汉·托马斯'（GrahamThomas）

White 白色

白色月季不论形状、大小，还是那独具特色的花姿都在夕阳垂暮中更显光辉。

'玛格丽特·梅瑞尔'（Margaret Merril）

Bicolor 双色

双色月季花瓣内侧和边缘呈现异色，纹路、渐染色和颜色浓淡等不同，形成了丰富多彩的花朵，令人赏心悦目。

'双色法国蔷薇'（Rosa gallica versicolor）

Purple 紫色

弥漫着神秘色彩的紫色月季，即使渐渐褪色依然能夺人心魄。它与粉色月季最相配。

'紫玉'（Shigyokn）

提示

除颜色以外，选择月季的要点

调查清楚月季的树型、高度、枝条硬度、伸展方向等是大前提。下述3点也要好好关注。

四季开花

剪掉月季花朵刚凋谢的枝条，接下来伸展的枝条还会再次开花。

抗病性强

抗病性强的品种种植比较容易。

多花性

花朵簇生或丰花品种会不断开花。随着植株的生长，远观效果更好。

适合购买月季种苗的店铺

购买月季种苗时，要选择那些光线良好，浇水、消毒等工作都做得不错的花店。种苗质量对之后月季生长有很大影响，所以要在值得信赖的店购买。初学者种植月季，最好在花期确认要种植的品种。

月季专卖店

月季专卖店中的品种较齐全，品质也有保证。顾客可以在这里得到关于品种选择或栽培上的建议。最好告诉店员自己想要的类型，从对方推荐的2 ~ 3个品种中挑选。

园艺店或花店

如果附近没有月季专卖店，也可以到信赖度较高的园艺店或花店购买种苗。这种店里大多都有喜爱月季的员工，可以与他们聊一聊栽培方面的知识。

家居建材超市

大型家居建材超市中的月季品种较多，如果没有遇到对月季比较熟悉的店员，可以事先查一查，从众多候选中挑选喜欢的品种。

网络专卖店

最好等到稍微熟悉月季种植技术后再在网络专卖店购买。一般网络销售店的种苗品质参差不齐，购买时要注意。

选择优质种苗的方法

4～6月，月季就可以开花了。这时购买上市的种苗，能立刻欣赏到绽放的月季花朵，当然这时的种苗在栽培上也很有挑战性。在种苗店遇到喜爱的品种，可通过阅读标签了解其特性。另外，如果知道品种名称，也可以做详细调查。挑选种苗除了看花，也要看枝叶的长势，选择长势好的植株。

提示

扦插苗会从土中伸出数根细小的枝条

扦插苗的注意事项

一般会认为微型月季栽培比较简单。与嫁接月季苗不同，微型月季多选用扦插的方法繁殖。扦插苗生长缓慢，而且因为在室温下培养，所以抗病性差。特别时期为免受寒风摧残可以将其移入室内养护，并要小心照看。

购买种苗后应如何管理

月季偏好阳光，所以比较适合在光照和通风良好的室外种植。有些人想用室外开花的月季盆栽来装饰房间，但最好只摆放一天，第二天就挪回室外。年末到4月中旬栽培的盆苗，因为是在室温下培育的，如果突然拿到室外，低温和寒风都会让其受到损害。所以在室外温度回暖前要放在光照较好的窗边，若中午光照条件较好，可以适当开窗透气，以使其适应室外环境。

1 照射阳光

月季接受的光照越多，生长就越旺盛，越能开出更多花。光照应是能投下影子的直射光线，且每天最少保证3h的光照。如果放置在每天可以光照5h以上的地方，不管什么品种都能顺利生长。

2 喷药预防

种植园艺植物离不开病虫害防治。防治的第一步就是喷施预防药剂，即使是开了花的种苗，也可施用。如果种植数量不是很多，可以喷施稀释后的药剂。喷施药剂最好在清晨或傍晚比较凉快的时间段进行。详见108 ～ 109页。

3 浇水

在植株光合作用旺盛期，注意不要缺水断水。每天要注意检查土壤表面，一旦发现土壤干燥就要用喷壶浇透水。在不确定土壤是否缺水的情况下，若定期、持续浇灌则会发生根腐病等。夏季应避免中午浇水，最好在早、晚进行。详见76页。

开花后的管理

月季枝条顶端的花朵凋谢后会有新芽继续萌发出新枝。四季开花的月季品种会在接下来萌发的新枝上再次开花，所以如果想让新枝快速萌芽，就应及时将凋谢的花朵剪除，不可放置不管。想要月季多次开花，就需要补充土壤养分，以提高土壤肥力。

1 花枝修剪

依次剪掉外侧花瓣变黄的花朵，及其下的第一片叶子。在剪掉枝条上的最后一朵花后，干脆将枝条长度的1/3剪掉。剪切位置应在叶子上方，而不应在节间（叶与叶之间）。详见102页。

提示

月季的3种开花习性

为了能让人长久地欣赏到月季花朵，栽培品种经多次改良已拥有了反复开花的特性。应根据种植目的选择月季品种。

四季开花

此类品种在首次开花后，花枝会继续伸长并多次开花。开过的花每次都要剪掉。

反复开花

春季开花后初夏或秋季还会再开1～2次。该特性多见于匍匐或半匍匐品种。

单季开花

每年只在春季开1次花，多见于匍匐品种或原生种，该种秋季可以观赏果实。

2 底肥

四季开花的品种耗能较多。开完一轮花后最好追肥，这样可以保持植株活力，为接下来的开花做准备。施用缓释肥料大概需要2周时间才能见效，如果等开花结束才开始追肥可能有些延误。详见87、88页。

3 二茬花

6 ~ 7月会迎来令人期待的二茬花。在开花前，花蕾如何形成等都值得慢慢欣赏。开花结束后，要依次剪掉花朵。

秋季赏花的准备

剪掉二茬花后，为了让植株更好地生长，之后长出的花蕾只需留一片叶，其余全部摘除，并观察芽的生长方向。这时的叶片很容易遭受病虫害，每周要喷施1次预防药剂。

1 移植

二茬花开放后，剪掉花朵，准备在酷暑来临前进行移植。如果要移植到花盆中，需要考虑花盆的透气性，推荐选择陶瓷花盆。新花盆要比现在的花盆大两圈。如果是庭院种植，要挖种植穴培土。详见90 ~ 94页。

2 夏季修剪

从春季到夏季已经经过数月生长的盆苗，在秋季更容易开出漂亮的花朵。想让花朵在气候良好的10 ~ 11月绽放，8月下旬至9月就要进行枝条修剪。秋季花朵的颜色较深，与春季花朵相比别有一番魅力。详见114页。

3 秋季开花管理

气温稍降后，秋季月季便陆续开放了。保护花朵依次绽放，并见证这一过程也是栽培月季的乐趣之一。欣赏完花朵后，要为来年越冬做一些准备。之后的栽培方法见119页。

探寻心中向往的月季
月季彩色图鉴

初次种植月季，对月季的喜爱心情是比什么都重要的原动力。

来选择自己喜欢的花色吧！然后根据用途选择适合的品种。

栽培自己心爱的月季，每次眺望它们都能使人面露微笑，即使照顾它们需要花很多精力也觉得很有趣。

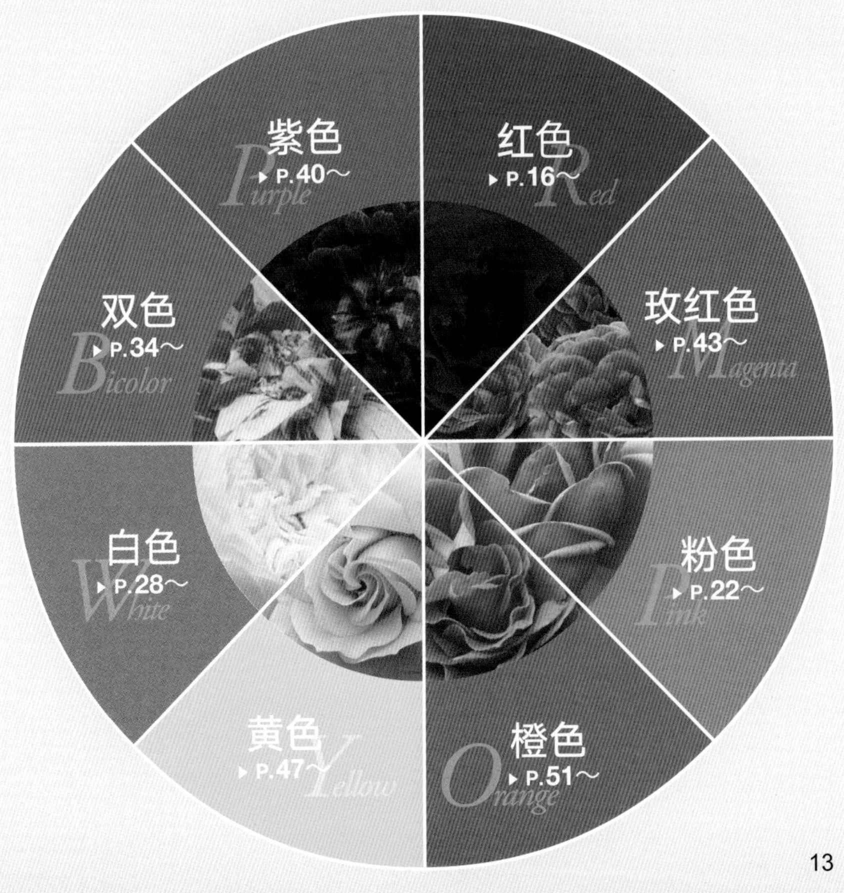

图鉴使用方法

'威廉·莎士比亚2000'
William Shakespeare 2000

盆栽 香气

重瓣大花型，从深杯状到浅杯四分莲座状品种。花色从紫红色向偏青色的紫色变化较明显。有大马士革蔷薇的香气。

[ER] 反复开花 中花型
直立型 1.2m

树种

以下用缩写的方式标明了月季的分类。详见56、57页。

野生种（原种）

Sp代表野生种。世界上有150 ~ 200种原生的野生种月季。

古代月季品种

Old代表古代月季品种。现代月季出现前的月季品种。每一种都按字母顺序详细分类（参考58页古代月季品系）

现代月季

HT代表杂交茶香品种。大花型、四季开花的直立型月季。

F代表Floribunda，表示丰花品种。中花型、成簇开花、四季开花的直立型月季。

S代表Shrub，表示灌木型月季。

ER代表English，表示英国月季，一般指英国育种专家大卫·奥斯汀（David C.H. Austin）培育的月季品种。

HMsk代表杂交Musk，表示四季开花的灌木型月季，横张型品种较多。有麝香香味。

CLMin代表Climbing Miniture，表示藤本微型月季。

藤蔓型月季包括藤本月季和蔓性月季。

CL代表Climbing，表示藤本月季。

R代表Rambler，表示蔓性月季。

通用名或品种名

商品名称或日常生活中使用的名称。品种名称有时会因国家不同而有所差异。

用途

包括品种生长发育的特性、适合的环境和培养方法、耐病性等。

盆栽
能适应盆类容器栽培

香气
具有香气

半阴
在半阴的地方也能正常生长

病害
抗病性较强，生长健壮

栅栏
适用于栅栏牵引生长

塔架
适合使用箭头型花架牵引生长

拱门
可以用于装饰拱门

墙面
适合依墙栽培种植

开花时期

月季根据开花习性不同分为以下三种。详见10页。

四季开花：满足开花条件时，花枝会继续生长，多次开花。

反复开花：春季开花后，当气温合适、生长环境良好时还会再开1 ～ 2次花。

单季开花：只在春季开1次花。

花朵大小

以春季第一茬花的大小为标准，分为大花型、中花型、小花型三类。

大花型：花的直径在10cm以上。

中花型：花的直径在3 ～ 10cm。

小花型：花的直径在3cm以下。

株型

根据品种不同株型分为以下三类。

直立型：树高不超过1.5m，直立开花。

灌木型：枝条可伸长至1 ～ 2m，向四周扩展，生长茂盛。

藤蔓型：枝条伸长可达2m以上，需要做成景观欣赏时需要支撑物诱导其生长。

株高

直立型和灌木型品种的株高用成株后的植株高度表示。藤蔓型品种的株高用枝条可伸长的长度表示。

Red 红色

‘梅郎爸爸’▼

Papa Meilland

盆栽 香气

作为黑色月季中的名种极受欢迎。拥有天鹅绒般的光泽和质感，尖瓣高心状花朵，单花花期较长，但花量少。散发着高贵的大马士革蔷薇香味。

●[HT] ●四季开花 ●大花型 ●直立型 ●1.5m

‘都柏林海湾’▲

Dublin Bay

栅栏 拱门 墙面

赤红色花瓣仿若燃烧的火焰，漫不经心的波浪形花瓣非常漂亮。单花花期较长，能够保持其耀眼的美丽。抗病性极强，花朵会接连不断地绽放。

●[CL] ●四季开花 ●大花型 ●藤蔓型 ●3.0m

‘贾博士的纪念’▶

Souvenir du Doctor Jamain

香气 栅栏 塔架 拱门

如葡萄酒般深紫红色的花朵连绵成片绽放。花瓣短而圆，如波浪，绽放后花形从杯状到莲座状变化。因为是少刺品种，所以适合用于栅栏或拱门。

●[Old（HP）] ●反复开花
●中花型 ●灌木型 ●3.0m

‘红瀑布’◀

Red Cascade

栅栏 塔架

绽放令人感到安静的黑红色花朵，比较珍贵的小花型品种。富有弹力的花枝很容易塑形，所以用途广泛。因为可以不断开花，所以可混栽，可搭架任其攀爬，也可任其花枝垂在阳台外，无论如何安排都会令人十分赏心悦目。

●[CLMin] ●四季开花 ●小花型 ●藤蔓型 ●2.5m

‘黑火山’▼

Lavaglut

盆栽

如天鹅绒般的正红色花朵十分抢眼。有时花色中也掺杂着黑色。单花花期较长，是不褪色的品种。一般5朵成簇开放。适合在花坛中种植，盆栽时株型也很紧凑。

●[F] ●四季开花 ●中花型 ●直立型 ●0.8m

‘曼斯特德·伍德’▲

Munstead Wood

盆栽 香气

深红色品种。花蕾中心颜色较淡，绽放后，从花朵中心向外颜色逐渐加深。香气很特别，仿佛浓郁的古代月季香气与果香混合的气味。

●[ER] ●四季开花 ●大花型 ●直立型 ●0.8m

‘尼科罗·帕格尼尼’▲
Niccolò Paganini

盆栽

如果想要高档的暗红色月季，请选这个品种。该品种成簇开花，花量较大，若栽培在玄关处，到晚秋都能欣赏到花。为纪念19世纪著名小提琴家尼科罗·帕格尼尼而得名。

●[F] ●四季开花 ●中花型 ●直立型 ●0.8m

‘英格丽·褒曼’▶
Ingrid Bergman

盆栽

绯红色的尖瓣高心状月季。抗病性和耐寒性都非常优秀。花瓣质地极佳，即使被雨水打湿花形也不会被破坏。微香型。在女星英格丽·褒曼去世后，为纪念她以其名命名。

●[HT] ●四季开花 ●大花型 ●直立型 ●1.2m

‘唐璜’ ◀

Don Juan

栅栏 塔架 墙面

藤蔓型月季的代表品种。分枝柔软、少刺，非常适合用栅栏或墙面支撑。花朵直径约12cm，花朵数量在30朵左右，3 ~ 4朵成簇开花，绽放时非常热闹。有一定抗病性。

● [CL] ●四季开花 ●大花型 ●藤蔓型 ●3m

‘朱墨双辉’ ▲

Crimson Glory

盆栽 香气

花瓣有天鹅绒般饱满的质感。正红色尖瓣高心状品种。成簇开花。其特征为有浓烈的大马士革蔷薇香气。株形为横张型，盆栽时需要注意使其紧密一些。

● [HT] ●四季开花 ●大花型 ●直立型 ●0.7m

‘林肯先生’ ◀

Mister Lincoln

盆栽 香气

1964年推广的古老品种，至今一直备受追捧。因开放黑红色的花朵被称为“黑色月季”，具有浓烈的大马士革蔷薇香气是该品种的特征。接近圆瓣的半尖瓣高心状品种。栽培简单，适合初学者。

● [HT] ●四季开花 ●大花型 ●直立型 ●1.5m

‘瓦尔特大叔’ ▶
Uncle Walter

栅栏　墙面

尖瓣高心状品种，拥有天鹅绒般光滑的红色花朵。该品种为藤蔓型月季中花型最为整齐的品种。有呈三角形的大刺，是很容易栽培的强健品种，春季过后，还会再开几茬花。淡香型。

● [HT] ● 四季开花 ● 大花型 ● 藤蔓型 ● 4.0m

‘施瓦茨·麦当娜’ ◀
Schwarze Madonna

盆栽

半尖瓣高心状品种，黑红色的花朵渲染出成熟的气息。被称为“黑色圣母”，品种强健，易于栽培。单花花期较长，因其天鹅绒般的美丽质感，常用来做切花。淡香型。

● [HT] ● 四季开花 ● 大花型 ● 直立型 ● 1.2m

‘大阪月季’ ▶
Rose Osaka

盆栽

能开出鲜艳的绯红色花朵，为匀称的尖瓣高心状品种。花朵直径在14cm左右，一朵或多朵成簇开花。花量较大，单花花期较长，淡香型。生长发育旺盛，但株型较松散，比较适合盆栽。

● [HT] ● 四季开花 ● 大花型 ● 直立型 ● 1.3m

Pink 粉色

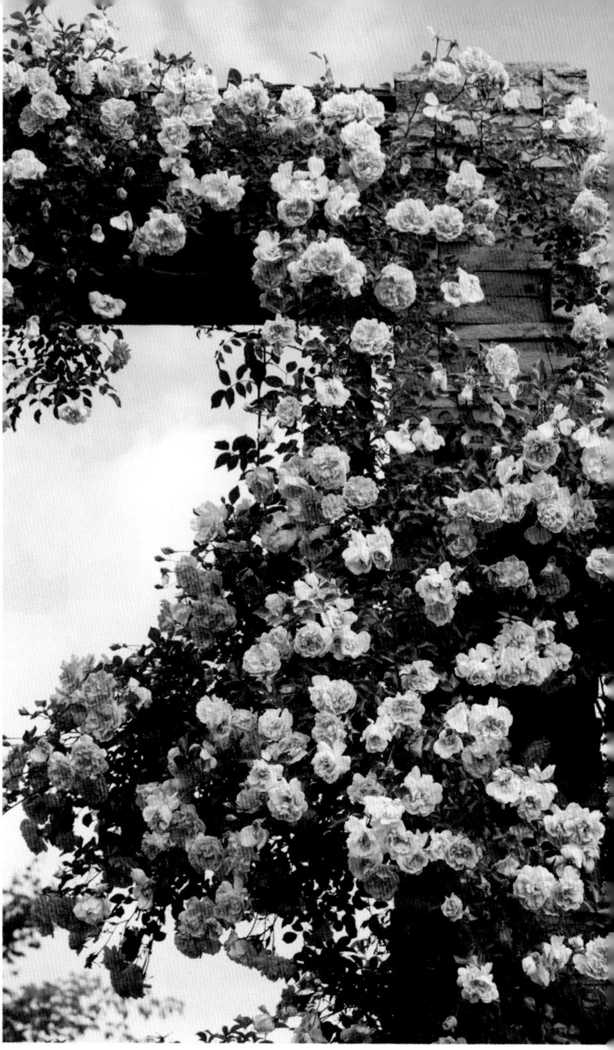

'弗朗索瓦' ▶
Francois Juranville

病害 拱门 墙面

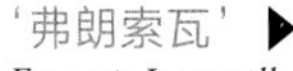

即使初学者种植也能开出很多花，是非常易于栽培的品种。莲座状，花量大，一般5朵成簇开放。花朵绽放后会微微垂头，所以十分适合装饰拱门和墙面。香气中有苹果的甜香。

● [R] ● 单季开花 ● 中花型 ● 藤蔓型 ● 5.0m

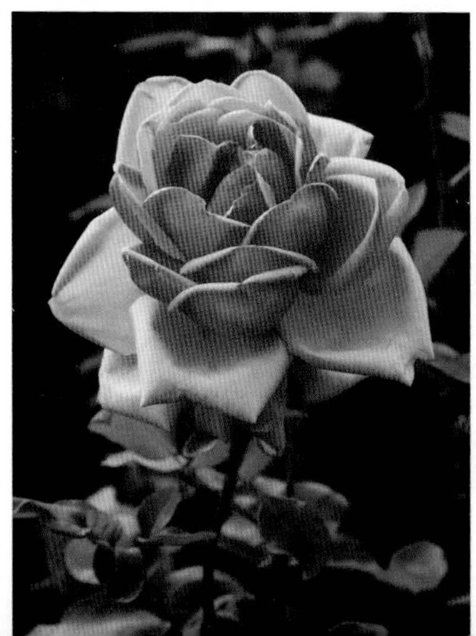

'法兰西' ◀
La France

盆栽 香气

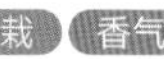

具有古代月季香味的品种，杂交茶香系的1号品种。不易得黑斑病，栽培容易。花瓣为圆形，有浓烈的大马士革蔷薇香气是其主要特征。下雨时盆栽要挪到屋檐下保护。

● [HT] ● 四季开花 ● 大花型 ● 直立型 ● 1.2m

‘圣塞西莉亚’▶
St. Cecilia

香气 塔架 拱门

该品种的特征是，具有以古代月季香气为基调，混合果香的强烈香味。温和的粉色杯状花形，随着花朵绽放，花心呈现出莲座状。每个花枝通常有3～5朵花，花朵向上绽放的姿态惹人怜爱。

●[ER] ●四季开花 ●大花型 ●灌木型 ●1.5m

‘薰衣草少女’▲
Lavender Lassie

半阴 栅栏

具有麝香香气，为莲座状品种。成簇开花，花数较多，因花较重所以花枝微微下垂。花色透明感十足，稍带薰衣草色的粉色十分可爱。伸展性强，抗病性、耐寒性卓越。

●[HMsk] ●反复开花 ●中花型 ●藤蔓型 ●3.0m

‘百叶蔷薇’▼
Rosa centifolia

香气

花数多，花形为杯状。有浓郁的大马士革蔷薇香气，所以经常被用来制作香料。花朵稍微压垂，适合放置在稍微高出视线的地方，微微抬头欣赏效果较好。在19世纪画家雷杜德的《月季图谱》中出现。

●[Old（C）] ●单季开花 ●中花型 ●灌木型 ●2.0m

‘方丹-拉图尔’◀
Fantin-Latour

香气 半阴 病害

花朵绽放时，花形从杯状到四分莲座状变化。香气十分浓郁。成簇开花，放任其生长，就能欣赏到其最自然的姿态。以画月季而闻名的法国画家的名字命名。

●[Old（C）] ●单季开花 ●中花型 ●灌木型 ●2.0m

‘祖母的月季’ ▶
Granny's Rose

盆栽

绽放时的花形从杯状到莲座状，花朵数在60朵左右，成簇开花。单花花期较长、花量较大，春季之后会不间断开花，一直到晚秋都可以欣赏到美丽的花朵。要注意白粉病。

● [S] ● 四季开花 ● 中花型 ● 灌木型 ● 1.0m

‘保罗的喜马拉雅麝香’ ◀
Paul's Himalayan Musk

半阴 墙面

从重瓣到半重瓣的绒球状品种。伸展力旺盛，不适合在狭小的空间栽培。由于花朵数量众多，开花后花枝会下垂，适合在花丛旁坐着欣赏。可用藤架或拱门支撑，做远景来欣赏十分优美。

● [R] ● 单季开花 ● 小花型 ● 藤蔓型 ● 5.0m

‘春霞’ ▼
Harugasumi

病害

藤蔓型月季‘夏雪’（Sunmer Snow）的枝变品种。花瓣边缘褶皱的半重瓣品种，成簇开花。茎上几乎没有刺，易于牵引种植，能适应各种栽培环境。但在通风不良的环境下，容易得白粉病。

● [CL] ● 单季开花 ● 小花型 ● 灌木型 ● 4.0m

‘新日出’▲
New Dawn

半阴　栅栏　拱门

即使在半阴条件下也能开花的品种，藤蔓型月季，极受欢迎。5朵成簇开花，半重瓣杯状品种。淡香型。花朵绽放时期较晚，春季基本不开花，到秋季才开始开花。

● [CL] ●反复开花 ●中花型 ●藤蔓型 ●3.5m

‘梦乙女’▶
Yumeotome

栅栏　拱门

令人怜爱的成簇开花品种，花朵清秀，藤蔓型品种。枝条柔软纤细，除了栅栏，也适合用于拱门和塔架。单花花期长，花量较大，花色从粉红色到白色。非常强健，是易于栽培的品种。

● [CLMin] ●单季开花 ●小花型 ●藤蔓型 ●2.0m

‘塞斯亚纳’ ◀
Celsiana

香气 栅栏

在散开的杯状花朵中，金色的雄蕊显得格外漂亮。枝条能开出很多花，开花期跨度长。有浓郁的大马士革蔷薇香气。耐寒性和抗病性都很强，在半阴条件下也能生长发育良好，是强健的品种。

● [Old（D）] ● 单季开花 ● 中花型 ● 灌木型 ● 1.6m

‘芽衣’ ▶
Mei

病害 栅栏 拱门

‘梦乙女’的枝变品种。花色从粉色到白色逐渐变化，非常漂亮。单花花期较长，头茬花后适度修剪和追肥，就可以欣赏到二茬花。抗病性和适应性较强，是非常出色的藤蔓型月季。

● [CL] ● 反复开花 ● 小花型 ● 藤蔓型 ● 2.0m

‘慷慨的园丁’ ◀
The Generous Gardener

香气 栅栏 拱门

圆瓣杯状品种，成簇开花。品种强健、繁殖力旺盛。生长速度较快。花茎较长，因为花朵重量微微下垂，别有一番风情，适合用于栅栏和拱门。浓香型。

● [ER] ● 反复开花 ● 大花型 ● 灌木型 ● 2.0m

‘安吉拉’ ▶

Angela

病害 栅栏 拱门

非常强健的品种，花量较大，适合初学者种植。花色是艳丽的粉色，半重瓣杯状品种。淡香型。适合用拱门、栅栏牵引。

● [CL] ● 四季开花 ● 中花型 ● 藤蔓型 ● 3.0m

‘芭蕾舞女’ ◀

Ballerina

栅栏

单瓣品种，接连开放，如果不去除花柄，到了秋季就可以欣赏果实。非常容易发生蚜虫或红蜘蛛等虫害，发现后可以用水直接冲掉。枝条会盘绕着栅栏，即使剪短也会开花。

● [HMsk] ● 四季开花 ● 小花型 ● 灌木型 ● 2.0m

‘瑞典女王’ ▶

Queen of Sweden

香气 栅栏

花形为半开的杯状，花形保持不变，直到凋谢。花量较大，修剪好的枝条基本都能反复开花。株形细长、直立型，适合用于盆栽，也能用于拱门装饰。

● [ER] ● 四季开花 ● 中花型 ● 灌木型 ● 1.5m

White 白色

'卡里埃夫人' ▶

Mme. Alfred Carrière

香气 半阴 栅栏

花色从淡粉色变化为白色，花形从杯状变化为莲座状。花香中带有果香。由于花朵较重花枝会微微下垂，自然而然形成一种清纯的模样。在半阴环境下也能旺盛生长。

●[Old（N）] ●反复开花 ●中花型 ●藤蔓型 ●3.5m

'粉红诺赛特' ◀

Blush Noisette

香气 半阴 栅栏

诺赛特蔷薇的代表品种，花期较长。淡粉色，绽放后从绒球状变化为莲座状，配合又细又有弹性的花枝，营造出优雅的氛围。窗户、栅栏、拱门附近等都可种植。因为品种十分强健，所以抗病虫害能力也强。

●[Old（N）] ●四季开花 ●小花型 ●灌木型 ●2.0m

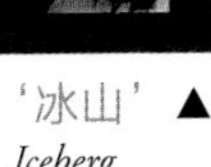

‘冰山’ ▲

Iceberg

盆栽

最受欢迎的白色月季。半重瓣铃铛状的纯白色花朵，直立型品种，也有藤蔓型品种。在半阴环境下也能栽培。1983年入选世界月季协会联盟的“月季荣誉殿堂”。

● [F] ● 四季开花 ● 中花型 ● 直立型 ● 1.5m

‘阿贝 · 芭比尔’ ▶

Albéric Barbier

香气 墙面

从花蕾到凋谢，都能欣赏到其高雅的花姿。香气在茶香系中偏清爽。生长发育旺盛，枝条富有弹性，推荐用墙面或藤架牵引生长。在半阴环境下也能开花，抗病性强。

● [R] ● 单季开花 ● 中花型 ● 藤蔓型 ● 5.0m

‘佩内洛普’ ◀

Penelope

香气 半阴 栅栏

肉垫质感，黄色花芯。可庭院栽培。若出现分枝，幼年植株要切除分枝，4年以上的植株可以保留分枝。品种很强健，但要注意黑斑病。

● [HMsk] ●四季开花 ●中花型 ●藤蔓型 ●2.0m

‘伯努瓦·马吉梅’ ▶

Benoit Magimel

香气 栅栏

2010年，由岩下笃也培育出的品种。不同季节，花色会从白色变化成绿色或粉色，花形一直保持圆杯状。可反复开花，开花后花期较长。有果香味。该花是以一位法国演员的名字命名的。

● [S] ●四季开花 ●中花型 ●直立型 ●1.0 ~ 2.0m

‘中国白月季’ ◀

Rosa chinensis alba

病害 栅栏 拱门

中心部分是粉色，向外逐渐变淡，清秀温和的中国原种系品种。在柔软的藤蔓枝条上，弯弯曲曲地开着花的样子非常有吸引力。少刺品种，自然株形也很值得欣赏。别名白长春。

● [Old（Ch）] ●单季开花 ●中花型 ●藤蔓型 ●3.0m

‘半重瓣阿尔巴白月季’▼

Rosa alba semiplena

香气 病害 栅栏

秀美的半重瓣阿尔巴月季系中花量较多的品种，叶偏蓝灰色，秋季可以欣赏到细长的果实。有一种说法，在英国的月季战争中约克家族的徽章用到了此品种。在半阴环境下也能种植。

●[Old（A）] ●单季开花 ●中花型
●灌木型 ●2.0m

‘玛格丽特·梅瑞尔’▲

Margaret Merril

盆栽 香气 病害

花瓣外缘稍带波浪形的杯状品种，象牙色的花色与花芯形成鲜明对比。具有非常浓烈的大马士革蔷薇香气，从古代就作为香料栽培。单花花期较长。

●[F] ●四季开花 ●中花型 ●藤蔓型 ●1.2m

‘雪雁’▶

Snow Goose

栅栏 塔架 拱门 墙面

清秀的绒球状品种，夏季以后伸展的枝条顶端会反复开花。具淡淡的麝香香味。枝条纤细柔软，适合用于拱门、塔架、栅栏和墙壁、藤架等。

●[ER] ●四季开花 ●小花型 ●藤蔓型
●3.0m

‘埃琳娜·朱格拉里’ ◀

Elene Giuglaris

香气 盆栽

被称为杰出的白色月季。细腻、优雅的花瓣，具有芬芳茶香气味是其主要特征。

● [HT] ●四季开花 ●大花型 ●直立型 ●1.2m

‘白鸽’ ▶

Paloma Blanca

盆栽

卷曲的深杯状品种，花朵反复绽放是其主要特征。适合庭院种植，因其轻飘飘和自然的感觉，也很适合盆栽。可用于制作花束，非常惹人怜爱。

● [HT] ●四季开花 ●中型花 ●直立型 ●1m

‘淡雪’ ◀

Auyuki

栅栏

单瓣圆形平展状品种，成簇开花。非常适合在和风的庭院或房间种植。因其强健的性质，初学者也能种植。花量较大，从春季到晚秋都可以欣赏到花朵。

● [S] ●四季开花 ●小花型 ●灌木型 ●1.5m

‘克莱尔·奥斯汀’ ▶

Claire Austin

香气 栅栏 塔架

从深杯状到莲座状变化的白色月季。花枝顶端花蕾簇生，枝条富有弹性，易于牵引。杂交系具有令人平和的香气。摘掉一半的花蕾，可以使花枝更好地生长。

● [ER] ●反复开花 ●大花型 ●灌木型 ●1.3m

‘索伯依’ ◀

Sombreuil

香气 塔架

经常滋生分枝，易于牵引。品种强健。花心为奶黄色，向外缘颜色逐渐变白。新鲜的茶香令人十分愉悦。单花花期较长，可反复开花。

● [Old（T）] ●四季开花 ●中花型 ●藤蔓型 ●2.5m

‘夏雪’ ▼

Summer Snow

栅栏 塔架 拱门 墙面

带褶边的半重瓣品种，花朵成簇，非常强健。基本没有刺，花枝纤细，易于牵引。枝条拥挤时，容易滋生红蜘蛛，需要注意。

● [CL] ●单季开花 ●中花型 ●藤蔓型 ●4.0m

Bicolor 双色

‘草莓冰山’ ▲
Strawberry Ice
盆栽

白色中带着粉色镶边。能够忍受较大强度的修剪，适合盆栽或花坛种植，加上经常会有分枝，适合栅栏或拱门。强健品种。

● [F] ●四季开花 ●中花型
●直立型 ● 1.0m

‘双色法国蔷薇’ ◀
Rosa gallica versicolor
盆栽

法国蔷薇变种（***Rosa gallica*** var. ***Officinalis***）的枝变种，属于古代月季系。配色和波浪形花瓣都特别华丽。小型植株，主干和枝条都很纤细，适合盆栽或花坛混栽。

● [Sp] ●单季开花 ●中花型
●灌木型 ● 1.2m

‘勒达’ ▶
Léda

栅栏

奶白色的花瓣边缘有玫红色，花心为纽扣眼状。具有大马士革蔷薇香气。耐寒性强，适合用于栅栏或门厅、塔架等。花名取自希腊神话中的绝世美女。

● [Old（D）] ● 单季开花 ● 中花型 ● 灌木型 ● 1.5m

‘银禧庆典’ ◀
Jubilee Celebration

盆栽 香气 病害

颜色渐变型花朵，四分莲座状品种。有柑橘的甜美香气。株形紧密，雨天容易损伤花朵，所以需要避雨。为纪念伊丽莎白女王即位50周年（Jubilee）而命名。

● [ER] ● 四季开花 ● 大花型 ● 直立型 ● 1.3m

‘红双喜’ ▶
Double Delight

盆栽 香气

花色为奶油色，有着十分鲜艳的红色镶边，非常美丽，有着浓烈的果香。也有枝变品种，为藤蔓型。

● [HT] ● 四季开花 ● 大花型 ● 直立型 ● 1.2m

‘玛蒂尔达’◀

Matilda

盆栽

从白色到粉色的丝状晕染，加上半重瓣花形，十分受欢迎。株形紧密，适合盆栽。花期很长。秋季开花观赏性极好，对雨、病、热和冷的抵抗性很强。

●[F] ●四季开花 ●中花型 ●直立型 ●1.0m

‘费迪南·皮查德’▶

Ferdinand Pichard

香气 栅栏

20世纪培育出的品种，属古代月季系。粉色中晕染着浓烈的红色，被称为最美丽的条纹月季。浓香型。枝条容易集中，可在花坛种植或用栅栏牵引。

●[Old（HP）] ●反复开花 ●中花型 ●藤蔓型 ●1.5m

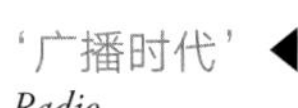

‘广播时代’ ◀
Radio

盆栽　香气

橘色中带着红色，仿佛广播电波一般，因此而命名。十分华丽的半杯状花朵，香气甜美。易于栽培，很适合盆栽。

● [HT] ●四季开花 ●大花型 ●直立型 ●1.2m

‘芝加哥和平’ ▶
Chicago Peace

病害

名花‘和平’（Peace）的枝变种，花开后花色从淡黄色渐渐变成橘色，栽培环境不同花色也不同。半尖瓣高心状品种，随着花朵的绽放程度，花形最终会变成莲座状。该品种花朵丰满，枝条粗壮，极其华丽。

● [HT] ●四季开花 ●大花型 ●直立型 ●1.5m

‘乡愁’ ◀
Nostalgie

盆栽

镶边月季，花色从白色向樱桃红色渐变，绽放时花形从包菜状到平展状。具清爽的茶香，单花花期较长。植株长势强，不论盆栽还是庭院栽培都很合适。冬季加强修剪，有利于开出更多的花。

● [HT] ●四季开花 ●中花型 ●直立型 ●1.2m

‘紫袍玉带’ ▲

Roger Lambelin

栅栏

紫红色花朵，花瓣波浪形，边缘白色，满开时十分美丽。花形莲座状，会稍显杂乱，十分偏爱阳光。花枝富有弹性，因为花朵较重花枝微微下垂，可以用栅栏或低矮的花格牵引，用塔架栽培也不错。

● [Old（HP）] ●反复开花 ●中花型 ●藤蔓性 ●2.0m

‘抓破美人脸’ ◀

Variegata di Blogna

病害 栅栏 塔架

白色花瓣中带着艳丽的紫红色，杯状品种，成簇开花，浓香型。生长发育良好，可用栅栏或塔架牵引。秋季花枝减少，春季可进行修剪。要预防白粉病。

● [Old（B）] ●单季开花 ●中花型 ●灌木型 ●2.0m

‘盖伊 · 萨伏瓦’ ▶

Guy Savoy

香气　栅栏

以法国著名花卉公司戴尔巴德旗下三星级餐厅Savoy命名，‘伟大的Savoy’系列的一种。半重瓣花朵，花色以粉色为基调，以不同浓淡的粉色混合而成，香气品质高。生长发育良好，抗病性强。

● [S] ● 四季开花 ● 大花型 ● 藤蔓型 ● 1.5m

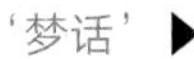

‘梦话’ ▶

Abracadabra

盆栽

如落霞般变化的花色令人十分赏心悦目，花色变化极有层次感的美丽品种。单花花期较长，适合盆栽。

● [HT] ● 四季开花 ● 大花型 ● 直立型 ● 1.0m

‘遥远的鼓声’ ◀

Distant Drums

盆栽

圆瓣平展状品种，整体基调为茶杏色，外侧花瓣为偏薰衣草色的粉色，花色百搭很受欢迎。该品种从春季到秋季不断开花，生长旺盛，耐寒性和抗病性都很强，适合初学者种植。不论在花坛种植还是盆栽都很赏心悦目。

● [S] ● 四季开花 ● 中花型 ● 直立型 ● 1.2m

Purple 紫色

‘黎塞留主教’ ▼

Cardinal de Richelien

香气 栅栏 塔架

属古代月季中的法国蔷薇品系，绒球状品种。外缘花瓣的紫色被称为最纯粹的紫色，和中心部的白色形成鲜明对比，十分耀眼。少刺品种，枝条伸展性好，用栅栏水平牵引能开出更多的花。

● [Old（G）] ● 单季开花 ● 中花型 ● 灌木型 ● 2.5m

‘贝拉・唐娜’ ▲

Bella Donna

香气

2010年岩下笃也培育出的品种。花色为丁香紫色，褪色后变白，样子也十分有趣。有果香气。名字为意大利文，意思为“美丽的女性”。深受女星梅丽尔・斯特里普的喜爱。

● [HT] ● 四季开花 ● 中花型 ● 直立型 ● 1.2m

‘蓝蔓’ ▼

Veilchenblau

半阴

名字是“紫罗兰色”的意思，别名Blue Rambler。枝条很多，颜色雅致，绽放后青色增加。在半阴环境下也不会褪色。强健品种，用墙面、拱门牵引栽培及庭院栽培容易。

● [R] ● 单季开花 ● 小花型 ● 藤蔓型 ● 4m

‘蓝色梦想’ ▶

Blue For You

盆栽

气温变化时，偏灰色的紫色会变化为明亮的蓝色。10 ~ 15朵成簇开花。蓝色系中强健的品种，易于用盆栽或小型塔架牵引。

● [F] ● 四季开花 ● 中花型
● 直立型 ● 1.5m

‘紫玉’ ▲

Shigyokn

香气　栅栏

19世纪由日本培育而成，也有说法称从明治时代就开始栽培了。具有大马士革蔷薇的香气。分枝多、耐修剪。用栅栏、木架格子、塔架牵引能欣赏到其自然的株型。

● [Old（G）] ● 单季开花 ● 中花型 ● 灌木型 ● 2.5m

‘蓝洋红’◀

Blue Magenta

半阴

从1900年开始就广为人知的品种。花色逐渐加深，全体色调极好。强健耐寒的品种，在半阴环境下也能良好生长，适合初学者种植。少刺品种，所以使用墙面或藤架牵引后令人十分赏心悦目。

●[R] ●单季开花 ●小花型 ●直立型 ●4.0m

‘新浪潮’▼

New Wave

盆栽 香气

波浪形的花瓣搭配紫丁香色的美丽色调。平展状花形品种，绽放后花朵呈现圆形，多花簇生，所以满开时花枝会被压弯。生长发育很好，适合盆栽。有令人舒畅的香气，十分有魅力。

●[HT] ●四季开花 ●大花型 ●藤蔓型 ●1.5m

‘蓝色狂想曲’▲

Rhapsody in Blue

盆栽

红紫色中带有灰色的花朵非常特别，因为是新型紫色月季而备受关注。花坛或盆栽时要加强修剪以便抑制株高。

●[S] ●四季开花 ●中花型 ●直立型 ●1.5m

Magenta 玫红色

‘大游行’ ▼

Parade

栅栏 墙面

花朵直径达12cm的大花型品种。花朵绽放后呈现圆杯状。抗病性和长势都十分强，适合初学者栽培。适合用栅栏和墙面牵引，要尽早剪除分枝顶端，使花枝增加。

● [CL] ●四季开花 ●大花型 ●藤蔓型 ●3.5m

‘月季花下’ ▲

Under the Rose

香气 栅栏

天鹅绒般的花朵，褪色后变成紫红色。2 ~ 3朵成簇开花，纤细柔软的花枝十分适合用栅栏牵引。散发着古代月季的香气，十分有魅力。

● [S] ●四季开花 ●中花型 ●灌木型 ●2.5m

‘威廉 · 莎士比亚2000’ ◀

William Shakespeare 2000

盆栽 香气

重瓣大花型，从深杯状到浅杯四分莲座状品种。花色从紫红色向带紫色的青色变化，非常明显。有大马士革蔷薇的香气。

● [ER] ●反复开花 ●中花型
●直立型 ●1.2m

‘布莱斯威特’ ◀

L.D. Braithwaite

栅栏 塔架

鲜艳浓烈的红色十分引人注目，是开花较早的ER品种。满开后，花形从杯状变为莲座状。3 ~ 5朵成簇开花，花期长。芬芳的大马士革蔷薇香气十分诱人。

● [ER] ●四季开花 ●大花型 ●灌木型 ●1.3m

‘帕尔玛修道院’ ▶

Chartreuse de Parme

盆栽 香气

优雅的紫红色花朵，半尖瓣高心状品种。随着花朵绽放，花心逐渐显露出来，花形渐变为近似莲座状。独枝开花，因其浓烈的大马士革蔷薇香气而受到追捧。横张型品种，植株低矮，适合盆栽。

● [HT] ●四季开花 ●大花型 ●直立型 ●1m

法国蔷薇变种 ◀

Rosa gallica var. *officinalis*

栅栏

大花型品种，多为野生品种中的紧凑型品种。玫红色花瓣和金黄色花蕊形成鲜明对比，非常显眼。直立型，纤细的枝条上分布小刺。秋季可以收获果实。

● [Sp] ●单季开花 ●中花型 ●灌木型 ●2.0m

'维多利亚女王' ▶
La Reine Victoria

香气 栅栏 墙面

深杯状品种，玫红色中略带薰衣草色，惹人怜爱。随着花朵绽放，青色越来越浓烈。枝条纤细，节间长，叶片稍稀疏。少刺品种，适合用于栅栏。

●[Old（B）] ●反复开花 ●中花型 ●藤蔓型 ●2.0m

'圣艾修·伯里' ◀
Saint-Exupéry

盆栽 香气

花瓣边缘有褶皱，深粉色楚楚动人。花形从深杯状变化到四分莲座状。花期较长，压弯枝头的样子十分美丽。有浓烈的大马士革蔷薇香气。

●[S] ●四季开花 ●大花型 ●直立型 ●1m

'布罗德男爵' ▶
Baron Girod de l'Ain

香气 栅栏 塔架

浓郁的紫红色花瓣边缘有白色镶边。花朵绽放时色彩浓艳，之后变淡。有浓烈的大马士革蔷薇香气。十分容易得白粉病。

●[Old（HP）] ●反复开花 ●大花型 ●灌木型 ●2.0 ~ 3.0m

‘麦卡尼月季’▶
The McCartney Rose

香气 病害

半尖瓣平展状的粉色品种，花朵数量较少。独枝开花，或数朵簇生。但抗病性强，十分易于培育。具甜美芬芳的香气，经常被用于制作香精和干花熏香。

●[HT] ●四季开花 ●大花型 ●直立型 ●1.2m

‘查尔斯的磨房’▼
Charles de Mills

香气 栅栏

花色深红色中带有紫色，并富有光泽，之后会变成紫红色。花形外侧为杯状，内侧为莲座状，为古代月季的代表花形。浓香型。

●[Old（G）] ●单季开花 ●大花型 ●灌木型 ●1.2m

‘威廉·罗布’▶
William Lobb

香气 栅栏

莲座状品种，花色从深紫红色渐变为灰紫色。生长旺盛，分枝可延伸至3.0m。花枝柔软，十分适合用栅栏或拱门牵引。在半阴环境下也能栽培，强健品种。浓香型。

●[Old（M）] ●单季开花 ●中花型 ●灌木型 ●3.0m

‘伊萨佩雷夫人’◀
Mme. Isaac Pereire

香气 栅栏 墙面

偏紫色的玫红花色。花朵直径可达10cm，花朵数多，非常华丽。浓香型。长势强劲，茎粗壮，分枝多。刺尖且利。在栽培时最好少施肥。

●[Old（B）] ●反复开花 ●大花型 ●藤蔓型 ●3.0m

Yellow 黄色

‘金绣娃’ ▼
Gold Bunny
盆栽

别名Gold Badge。圆杯状品种，花瓣边缘为波浪形，十分招人喜爱。单花花期较长，颜色鲜艳，不易褪色。少刺品种，非常适合盆栽、花坛或栅栏种植。对黑斑病的抗性强。

[F] 四季开花 中花型 直立型 1.0m

‘金黄’ ▲
Evergold
栅栏 塔架

日本命名的品种。半重瓣平展状，花瓣呈波浪形。花朵数量多，呈淡黄色，但会褪色。枝条坚硬，特别适合用塔架牵引。有一定耐寒性，对白粉病抗性强，但易得黑斑病。

[CL] 反复开花 大花型 藤蔓型 2.0m

‘格拉汉·托马斯’ ▼
Graham Thomas
盆栽 香气 栅栏

1983年推广的品种，入选2008年世界月季协会联盟的“月季荣誉殿堂”。英国浅杯状月季品种。茶香系，浓香型。品种强健，易于生长，适合用花格或藤架牵引。

[ER] 四季开花 中花型 灌木型 3.5m

‘点石成金’ ◀

Midas Touch

盆栽

半尖瓣高心状，1994年由美国培育推广。株形优美，是十分强健的品种，所以适合初学者盆栽种植。名字是由古希腊神话中触物变金的弥达斯国王而来，用来表现其花色的浓烈。

[HT] 四季开花 大花型 直立型 1.2m

‘泡芙美人’ ◀

Buff Beauty

香气 拱门

不太引人注意的杏黄色，莲座状品种。株形优美，浓香型。一茬花后，在前1年生长的花枝上饱满的花芽上方修剪，就能迎来第二茬花。冬季也可进行修剪。偏藤蔓型。

[HMsk] 四季开花 中花型 灌木型 2.0m

‘香今’ ◀

Duftgold

盆栽 香气

1981年由德国培育的半尖瓣高心状品种。纯净的深黄色直到满开都不会褪色。浓香型。名字的意思是“散发香气的黄金”。开花和生长发育状况都很好，抗病性强，但直射阳光会造成烧叶，并要注意黑斑病。

[HT] 四季开花 大花型 直立型 1.4m

‘七月阳光’ ▲

Sunny June

栅栏 塔架

单瓣品种，花瓣与红色花蕊形成对比，十分鲜艳。开花状况良好。枝条纤细，伸展性极好，适合装饰拱门或门厅。虽是古老品种，但近年人气越来越旺。

[S] 四季开花 中花型 藤蔓型 2.0m

‘法国新闻广播电台’ ◀

France Info

香气 栅栏

具薄荷、黑加仑或柑橘的香味。2002年由著名花卉公司戴尔巴德培育。适合初学者花坛种植或盆栽。

[HT] 四季开花 大花型 灌木型 1.0m

‘炼金术师’ ◀

Alchymist

香气 塔架 墙面

中心不规则的四分莲座状品种。花心为橘红色。不挑土质，半阴环境下花色也很优美。因为花朵较重呈现微微垂头状，适合仰望欣赏。

[S] 单季开花 中花型 藤蔓型 3.5m

‘爱莲娜’ ▶

Elina

盆栽 病害

丝绸一般质地的奶黄色花瓣非常雅致。耐寒性和耐热性都很强，有一定抗病性，花量较大。推荐初学者选择，适合在花坛和路边种植。2006年入选世界月季协会联盟的“月季荣誉殿堂”。

[HT] 四季开花 大花型 直立型 1.4m

‘和平’ ◀

Peace

盆栽 病害

1945年为祈祷和平而命名的品种。花朵边缘带有粉红色。品种强健，花朵巨大，该品种的出现具有划时代意义，在国际竞赛中获得诸多奖项。1976年入选世界月季协会联盟的“月季荣誉殿堂”。

[HT] 四季开花 大花型 直立型 1.5m

Orange 橙色

‘帕特·奥斯汀’▼

Pat Austin

盆栽 栅栏

花形从杯状向介于杯状和茶托状过渡变化。花色极具个性，花瓣表面是浓烈的橘色，内面是具光泽的黄色。有茶香系月季的清爽香气。盆栽时需要注意修剪植株到1m左右。

●[ER] ●四季开花 ●大花型 ●直立型 ●1.2m

‘铜管乐队’▲

Brass Band

盆栽

有着明亮的波浪形橘色花瓣，极具个性。花形从圆杯状向平展状变化。花外侧偏黄色。单花花期较长。

●[F] ●四季开花 ●中花型 ●直立型 ●1.2m

‘阳光港’▲

Port Sunlight

栅栏 塔架

扁平的莲座状品种，中心微呈四分莲座状。杏色花朵，随着花朵绽放，外侧花瓣翘起，颜色变淡。抗病性强，丰富的茶系香气是其主要特征。适合栅栏牵引种植。

●[ER] ●四季开花 ●中花型 ●灌木型 ●1.5m

‘玛格丽特王妃’ ▼

Crown Princess Margareta

香气 拱门 墙面

花朵深橘色，莲花状品种，十分华丽。有令人清爽的水果香气。少刺的枝条具有伸展力，易于牵引。成株常反复开花。抗病性强，半阴环境下也能生长良好。

● [ER] ● 四季开花 ● 大花型 ● 藤蔓型 ● 2.5m

‘亚伯拉罕 · 达比’ ▲

Abraham Darby

香气 栅栏 拱门

具像山莓一样浓烈的水果香气。从深杯状到莲座状变化。花色以浅粉色为基础，混有橘色和杏色，总体呈现肉桂色。开花状况良好。

● [ER] ● 四季开花 ● 中花型 ● 藤蔓型 ● 3.0m

‘茱莉娅’ ▲

Julia

栅栏 拱门

平展状品种，花瓣褶皱如波浪。偏茶色的雅致品种，秋季颜色加深。数朵成簇开花，反复开花。长势较弱，稍难培养，但优美的花姿非常受欢迎。

● [CL] ● 反复开花 ● 大花型 ● 藤蔓型 ● 3m

‘威廉 · 莫里斯’ ◀

William Morris

栅栏

花色温和的莲座状品种。5 ~ 8朵成簇开花，有茶香系的芬芳。植株较矮，可用花格或栅栏牵引栽培，可反复开花。耐病性强。

● [ER] ● 四季开花 ● 中花型 ● 灌木型 ● 1.5m

‘山姆·麦格瑞迪夫人’ ▼

Mrs. Sam McGredy

拱门 墙面

尖瓣高心状品种。带古铜色的橘色花朵，开花后会褪为偏粉色。枝条纤细容易牵引，成株可反复开花，浓香型。

● [CL] ●反复开花 ●大花型 ●藤蔓型 ●3.0m

‘艾玛·汉密尔顿夫人’ ▲

Lady Emma Hamilton

盆栽 香气

令人喜爱的圆瓣杯状品种，花量较大，数朵簇生。株形小，易于修剪，适合盆栽。尽早修剪凋谢的花柄，到晚秋还可以再开花。有水果香气。

● [ER] ●四季开花 ●中花型 ●直立型 ●1.0m

‘安布里奇’ ▶

Ambridge Rose

杏色和粉色混合的美丽花朵，有水果香气。花形从杯状到莲座状变化。在半阴的阳台上也能开花的健壮品种，拥有适合盆栽的紧凑株形。

● [ER] ●四季开花 ●中花型 ●直立型 ●1.0m

‘夏日之歌’▲

Summer Song

盆栽 香气

英国月季品种中珍贵的橘色品种，震撼力十足。基本不褪色，是花期很长的贵重品种。拥有令人清爽的果香。

●[ER] ●四季开花 ●大花型 ●灌木型 ●1.0m

‘王妃美智子’▶

Princess Michiko

栅栏

浓郁的橘色半重瓣花朵，成簇开花。即使在寒冷地带花色也十分鲜艳。花量较大，单花花期较长。该品种是由英国育种专家赠送给当时的日本皇太子妃美智子的，并以美智子皇后的名字命名。

●[CL] ●四季开花 ●中花型 ●藤蔓型 ●3.0m

‘朦胧的朱蒂’▲

Jude the Obscure

盆栽 香气

深杯状，复杂的奶黄色花朵令人怜爱。四季开花，花期整个庭院都飘着甜美的水果香气。适合用矮花格牵引，放任其生长会欣赏到其自然的状态。

●[ER] ●四季开花 ●大花型 ●直立型 ●1.5m

‘艾瑞斯克洛夫人’◀

Mrs. Iris Clow

盆栽

淡淡的浅杏色，花心接近粉色。圆瓣浅杯状品种，单花花期较长。特别偏好光照良好的环境。

●[F] ●四季开花 ●中花型 ●直立型 ●1.2m

Things to Know about Roses

种植月季
必须牢记的知识

想要深刻体会栽培月季的乐趣，有些知识点必须牢记。

Three main groups
月季品种分类

月季属于蔷薇科蔷薇属植物。野生品种有150～200种，只分布在北半球。在古代，月季就作为药用植物和香料栽培，19世纪才真正开始培育观赏用品种。法国皇帝拿破仑一世的皇后约瑟芬格外喜爱月季，将全世界的月季收集起来进行品种改良。她的收藏为月季的发展做出了巨大贡献。目前，月季有品种3万种以上，主要分为3类。

Old Roses
古代月季

大部分为单季开花，部分为反复开花、四季开花的品种

观赏月季都是在原种的基础上改良的品种。在月季改良的历史中，最重要的是1867年现代月季1号“法兰西”的诞生，在此之前培育出的月季品系都被称为古代月季。偏自然风格的狂野株形的品种较多，花朵多有自然意境，花香种类丰富，十分有魅力。

‘美女伊希斯’（Belle Lsis）的花色是法国蔷薇中少有的淡粉色。花朵直径在6cm左右，淡雅美丽。

Wild Roses

野蔷薇

（原种[Sp]）超过一半的品种属单季开花

世界上自然出现的野生蔷薇，大多是单瓣品种，秋季会结果。日本自然生长的野生蔷薇有13种，其中有3个品种对现在的品种有很大贡献。蔷薇的耐寒性被广泛应用，光叶蔷薇（*Rosa wichuraiana*）是藤蔓型月季的始祖，成簇开花月季都有野蔷薇（*Rosa multiflora*）的影子。野蔷薇的朴素美感为庭院增添乐趣，在种植时可以尽量减少修剪，用心牵引，保持其自然的姿态。

'木香花'（Banksia Rose）不仅具有野趣，还兼有惹人怜爱的气质，是极受欢迎的原种月季之一。

Modern Roses

现代月季

基本为四季开花，部分品种为反复开花或单季开花

"法兰西"诞生以后培育出的月季品系都属于现代月季。现代月季的魅力在于多样的花形和花色，其中大半品种都是四季开花。现代月季的主流品种一直被杂交茶香系品种占据，进入21世纪后，才开始向以英国月季为代表的拥有古代月季风情的品种转移。

'夏日之歌'（Summer Song）橘色花朵，拥有现代月季的美丽色彩。

古代月季的主要品系

白蔷薇 Alba Rose（A）	单季开花。拥有香气迷人的白花或者淡粉色花。叶灰绿色，偏直立型的灌木型品种。
波旁蔷薇 Bourbon Rose（B）	反复开花。庚申蔷薇与秋季大马士革蔷薇（Autumn Damask）杂交的品系。香气迷人，树高各异。
百叶蔷薇 Centifolia Rose（C）	单季开花。正如其“百叶蔷薇”的由来一样，其花瓣也很多。香气迷人。花枝会弯曲所以需要支架支撑。
中国蔷薇 China Rose（Ch）	基本是四季开花。是由庚申蔷薇改良而来的品系。属紧密株形。
大马士革蔷薇 Damask Rose(D)	基本是单季开花，少许秋季可再次开花，有大马士革蔷薇的独特香气，多为枝细多刺品种。
法国蔷薇 Gallica Rose（G）	单季开花。花基本是红色，香气迷人。
杂交常青蔷薇 Hybrid Perpetual Rose（HP）	四季开花性强，比较接近现代月季。枝条呈现放射状伸展，可作为藤蔓型种植。
杂交蔷薇 Hybrid Rugosa Rose (HRg)	多为四季开花。耐寒性强。
‘苔蔷薇’ Moss Rose（M）	大多数是单季开花。花萼和花朵有鳞片般的密集腺毛。微型或藤蔓型，株高各异。
‘诺赛特蔷薇’ Noisette Rose (N)	四季开花品种较多。‘麝香蔷薇’（Rosa moschata）（夏季开花）和中国月季的杂交品系，属于迟开品种。
‘波特兰蔷薇’ Portland Rose (P)	四季开花的品种多。秋季大马士革蔷薇与中国蔷薇的杂交品系。香气迷人。
茶香月季 Tea Rose（T）	四季开花。具茶香。株形杂乱，适合盆栽。

※庚申蔷薇——将四季开花的基因传给欧洲月季的中国原种植物，在古代日本称其为中国蔷薇（Rosa Chinensis）。

现代月季的主要品系

杂交茶香月季 Hybrid Tea Rose（HT）	大花型，四季开花的直立型品种。
丰花月季 Floribunda Rose（F）	中花型，四季开花的直立型品种。
灌木型月季 Shrub Rose（S）	基本是四季开花的品种。
藤本月季 Climbing Rose（CL）	属藤蔓型，有四季开花品种，也有单季开花品种。
杂交麝香月季 Hybrid Musk Rose（HMsk）	四季开花的灌木型品种。枝条横张型的品种较多。有麝香香气。
微型月季 Miniature Rose（Min）	小花型，四季开花的直立型月季。其中藤本的品种用[CLMin]表示。
英国月季 English Rose（ER）	英国育种家大卫奥斯汀（David Austin）培育出的品种群。具有古代月季的花形和香气，现代月季的四季开花和耐病性等品质。其中灌木型品种较多。

※其他还有浪漫月季（Romantica Rose）、古代月季（Antike Rose）、戴尔巴德（Delbard）等，作为商品销售的月季也有很多。

蔓性月季Rambler（R），伸展力强，枝条柔软、弯曲，属藤蔓型月季。古代月季和现代月季都有。

Rose variety

多样的花形

月季的花形非常丰富，有密集的花瓣重叠而成的莲座状、丰满的圆杯状、平展状花朵等，即使是同一种花，由于花瓣形状和数量不同，样子也有所差异。许多品种在绽放后，花形会从杯状变成莲座状，为种植月季增添了许多乐趣。下面介绍不同花形的月季品系。

开花方式与花形

Shapes and Forms

单层平展状品种

5枚花瓣，基本平展状绽放，‘亚历山德拉蔷薇’（The Alexandra Rose）

四分莲座状品种

花瓣四分之一重叠绽放，‘方丹-拉图尔’（Fantin-latour）

尖瓣高心状品种

花瓣顶端翻折弯曲，花瓣由外向内层层增高，‘朱墨双辉’（Crimson Glory）

提示

东方月季与西方月季相遇诞生出香气浓郁的现代月季

18～19世纪，远渡重洋的中国月季，为欧洲月季带来了3样礼物。这3样礼物就是四季开花性、打开现代月季时代大门的尖瓣高心状，以及具茶味的花香。欧洲月季特有的甜美迷人的大马士革蔷薇香气和中国月季特有的高贵清爽的茶香融合，更加丰富了现代月季的香气。

杯状品种

花形从侧面看像木碗，‘朦胧的朱蒂’(Jude the Obscure)

莲座状品种

花瓣从花心开始放射状绽放‘祖母的月季’(Granny's Rose)

半重瓣品种

花瓣8～14枚，法国蔷薇变种(*Rosa gallica* var. officinalis)

绒球状品种

小花瓣组合成半球状，‘蓝洋红’(Blue Magenta)

Rose types
月季的株形分类

月季分为直立型、灌木型、藤蔓型3种株形，不同株形的栽培环境和方法有所不同。选择品种时必须留意。

提示

选择株形很重要

如果在小空间种植大株形品种，生长后期会很棘手，如果种植枝条延伸性极弱的品种，则不能用于拱门装饰。如果选错株形就很难享受到栽培月季的快乐。

直立型（Blush）

从基部伸出数根直立的枝条，总体高度在1m以内开花的品种较多，不需要借助其他植物攀缘，能够独立生长，偏好光照良好的环境。能成为庭院栽培的焦点，通过修剪可调节株高。微型月季、杂交茶香月季、丰花月季和部分古代月季都属于这种株形。

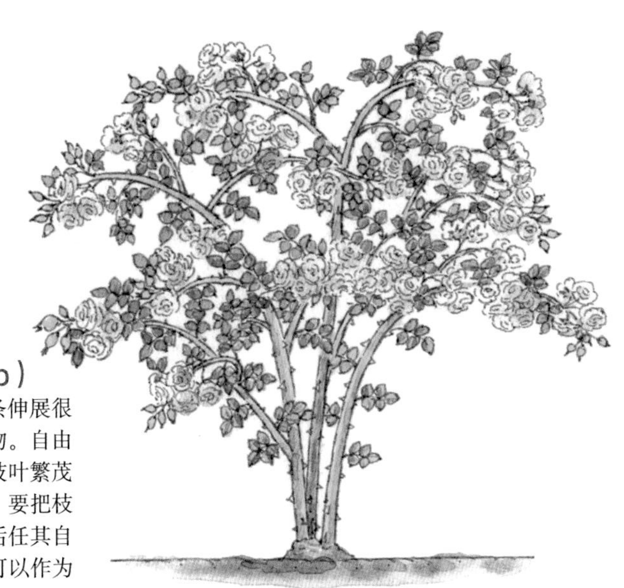

灌木型（Shrub）

野生时，弯曲的枝条伸展很广，会覆盖周围其他植物。自由生长时花枝下垂，形成枝叶繁茂的形态。种植在庭院时，要把枝条修剪得错落有致，然后任其自由生长。牵引长枝条，可以作为藤蔓型来栽培。多数古代月季和英国月季都属于这种株形。

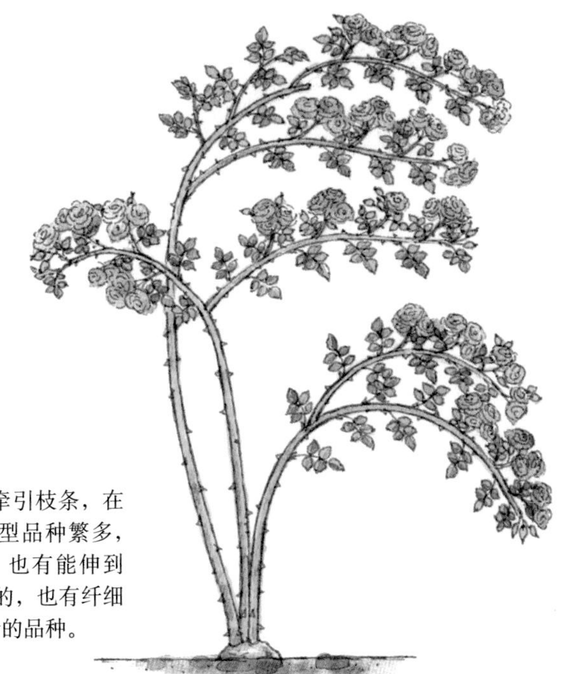

藤蔓型

高1.5m以上，可以自由牵引枝条，在庭院做出极美的造型。该类型品种繁多，部分品种枝条能伸展到2m，也有能伸到5m以上的品种，枝条有粗硬的，也有纤细柔软的，要根据空间选择适合的品种。

Life cycle of a rose

月季的生长发育期和休眠期

冬天即使叶全部落了，也不要贸然认为月季已经枯萎了。其实月季做越冬准备。月季生长发育周期为1年，分为生长发育期和休眠期。从春季到秋季的温暖期，月季根部吸收水分和养分供给植株生长、开花。而到了冬天，枝条水分减少，养分贮藏在全株，静待春天的到来。不论在植株的生长发育期还是休眠期，都有不同的工作要做。

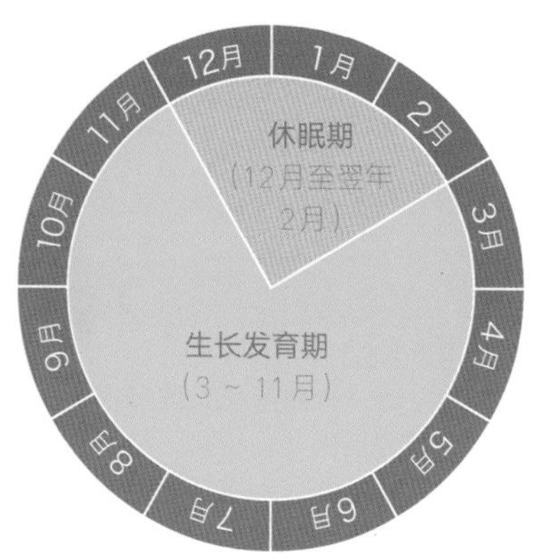

日本关东地区以西的温暖地带参考标准

生长发育期

（3～11月）

花朵绽放，枝叶伸展，
通过光合作用储备养分的时期

必要的工作

- 让植株充分接受光照，通过光合作用储备养分
- 给予植株生长必需的水和肥料
- 枝条太过拥挤要疏除，防止蒸腾作用过度
- 保护枝叶不受病虫危害，定期喷药
- 四季开花的月季要反复修剪

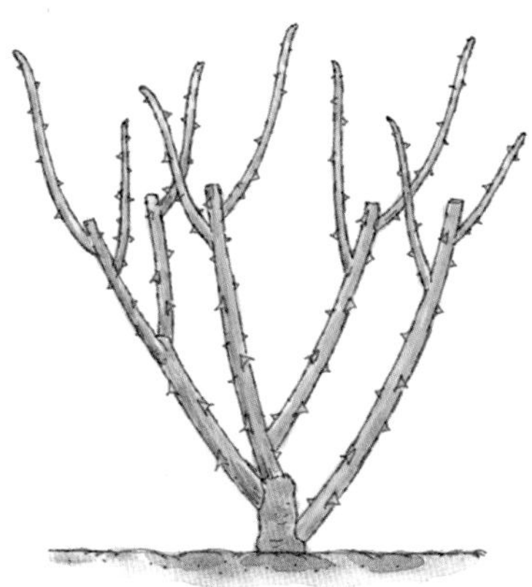

休眠期

（12月至翌年2月）

休眠前养分聚集在全株，叶落后，枝条中的
水分减少，这个时期能够忍受严寒。

必要的工作

- 翌年春天，如果想让花朵绽放在特定位置，要修剪并牵引枝条
- 定植、移植、翻土
- 及时补充翌年春天发芽所需的肥料

Grows from the top bud

顶端优势

由于植株优先为顶芽输送营养，所以，顶芽长势一般优于其他部位；这被称为顶端优势，很多树木都有这一性质。月季枝顶端叶腋处的芽（生长点）生长时，侧芽会进入休眠状态，通过修剪除去顶端的芽后，营养会集中供给侧芽，解除侧芽休眠状态，使侧芽生长形成新枝。利用这一性质，可以通过修剪调整株高与株形，还可以挑选饱满的芽，开出更好的花。

什么是顶端优势？

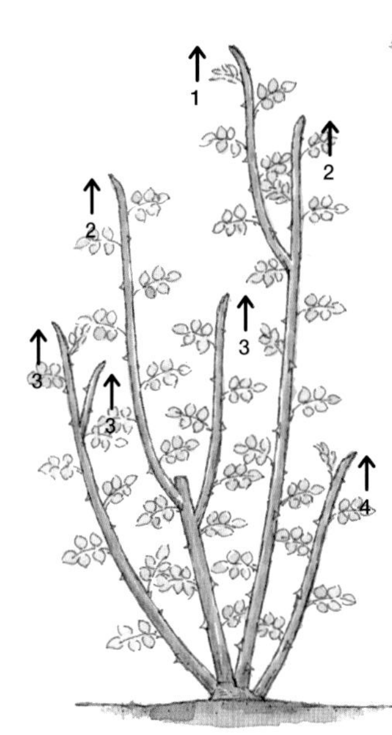

优先将营养输送给最高部位，使其能更好地生长。

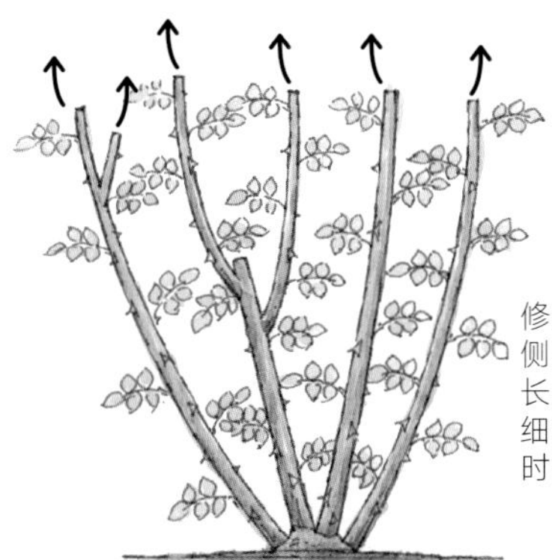

修剪后，切口附近的侧芽代替顶芽继续生长。另外，高度和粗细相近的枝条可以同时生长。

月季的芽生长在叶腋处

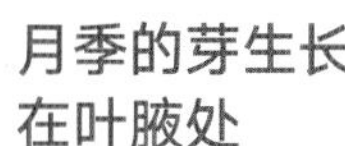

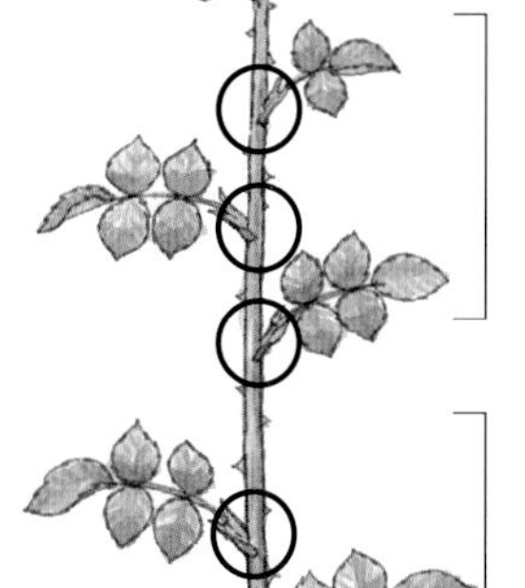

位置越高的芽休眠越浅。花落后，如果顶端遭受病虫害，这些部位可以代替顶芽继续生长。

越低的位置芽休眠越深。低位修剪后，此处的芽虽萌动需时久，但生长力强，也容易开花。

Rose shoots

利用分枝更替，保持旺盛生长

5～10月，在月季植株基部附近，或从枝条中间伸出许多分枝。和许多树木随着时间推移主干不断长高变粗不同，月季的分枝会在第二年春天长成主干。分枝的寿命大致不超过5年，新分枝长出后，原来的分枝就会衰退，最后枯萎。这样，分枝每次更替，月季都会焕发新春，旺盛生长。

分枝生长途径

After the bloom

一旦开花，枝条伸长生长便停滞

花朵在枝条（伸长的芽）顶端绽放。一旦花蕾形成，枝条就停止伸长生长。花朵凋谢后，附近的侧芽会短暂地生长（顶端优势），四季开花的月季会在顶端再次开花。如果花朵未完全凋谢时修剪，枝条就会再次生长，很快就能欣赏到二茬花。另外，四季开花的月季，新伸长的分枝也会开花。若要将分枝培育成结实的主干，要在枝条顶端的花蕾形成时，在顶端15cm处剪切（摘心），促进侧芽生长。

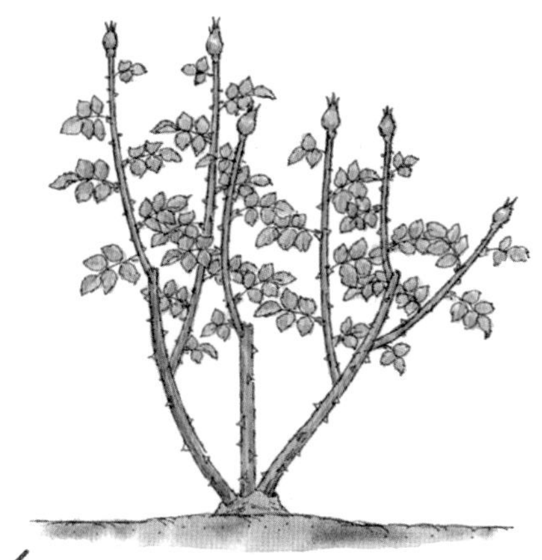

花蕾形成后，枝条伸长停止

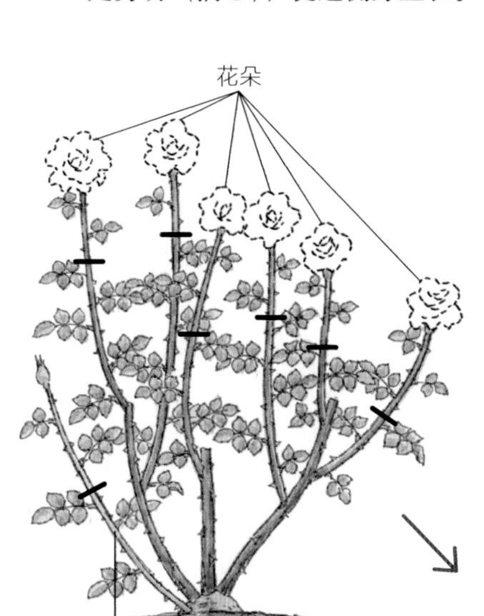

修剪掉花朵后，下面的侧芽会代替顶芽开始生长。分蘖上形成的花蕾，在枝条15cm处剪掉

四季开花的品种，修剪后伸长生长的枝条上开放的二茬花

Spreading climbing roses

藤蔓型月季在休眠期进行枝条牵引，使花朵数增加

藤蔓型月季的分枝由于顶端优势不断向上生长。如果放任不管，树势会变弱，分枝生长会停止。伸展的分枝会立即成为主枝，所以有必要固定周围的枝条。藤蔓型月季夏季伸长的分枝，保持顶端向上，翌年春天顶端的芽会获得较多养分，会有1～2芽开花。如果想让月季多开花，冬季休眠期尽可能让枝条保持水平。水平枝条上的侧芽基本都是同一高度，营养供应较为均衡，所有侧芽都会开花。

在围栏上骄傲绽放的'春霞'（Harugasumi）。冬季尽可能牵引枝条至水平位置。

Training a climbing rose

藤蔓型月季不同季节的生长与牵引

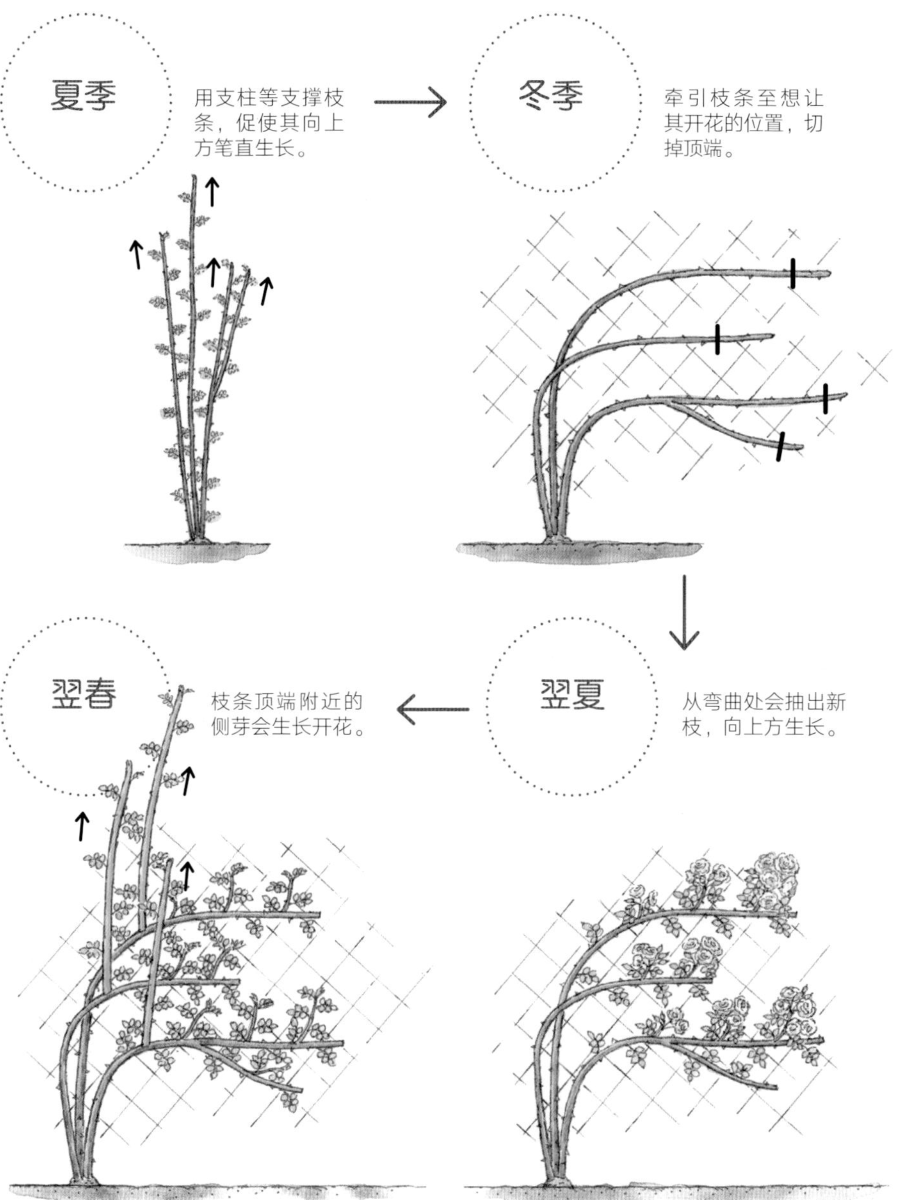

Column 专栏 1

用庭院中的月季装饰房间

不仅限于特别的日子，即使是平常也可以用自己庭院的月季装饰房间。和花店里销售的花茎笔直的月季不同，庭院种植的月季姿态各异。四季开花的品种，能看到春天、夏天、秋天的花朵；单季开花的品种，秋天能欣赏到红叶的美丽，果实的可爱，能感受到季节的变迁。

无论多忙，都想用月季来装饰女儿们的桌子。房间中用新鲜的花朵装扮，不知不觉就有了小资的感觉。今天早晨高兴就用粉色的花朵装饰，有考试的早晨用稍微稳重的颜色装饰，不怎么可爱的便当中放入1朵就有惊艳的效果。这样，庭院里生动的月季，可以真实地治愈我们的心灵。

早晨，庭院中的月季最香，可以一边欣赏庭院的景色一边采摘插花月季。在客厅或玄关，厨房的飘窗或床头，在平日的生活中，将插花装点在不经意间就能看到的地方就很好。在小瓶中插上一支也可以，切下的花朵漂浮在玻璃缸中也很漂亮。庭院的月季，为房间中的家人带去了温馨与幸福。

延长切花的花期

❶月季要在早晨采摘。要用刀子或剪刀整齐地剪切。在瓶中装满水，将在庭院中斜切茎采下的月季插入水中。斜切是为了增加吸水面积。

❷为了使切花能吸收水分，要使用与切花高度相近的容器，并装满凉水，将月季尽可能竖直地放入水中浸泡1h。另外，也可以用报纸将花和叶子包裹起来只露出切口，将切口置于2 ~ 3cm深的沸水中1min左右，然后立刻插回冷水中。

❸要经常清洗插花的瓶子。要将能浸入水中的叶子全部摘除，如果在水中加入营养剂，可延长花朵保持时间。

Rose Cultivation Basics

培育出美丽花朵的基本栽培技巧

守护着月季生长直至它开花，也是栽培月季的乐趣之一。根据季节不同，做好重点工作，一定能种植出健壮美丽的月季。

月季12月栽培管理月历

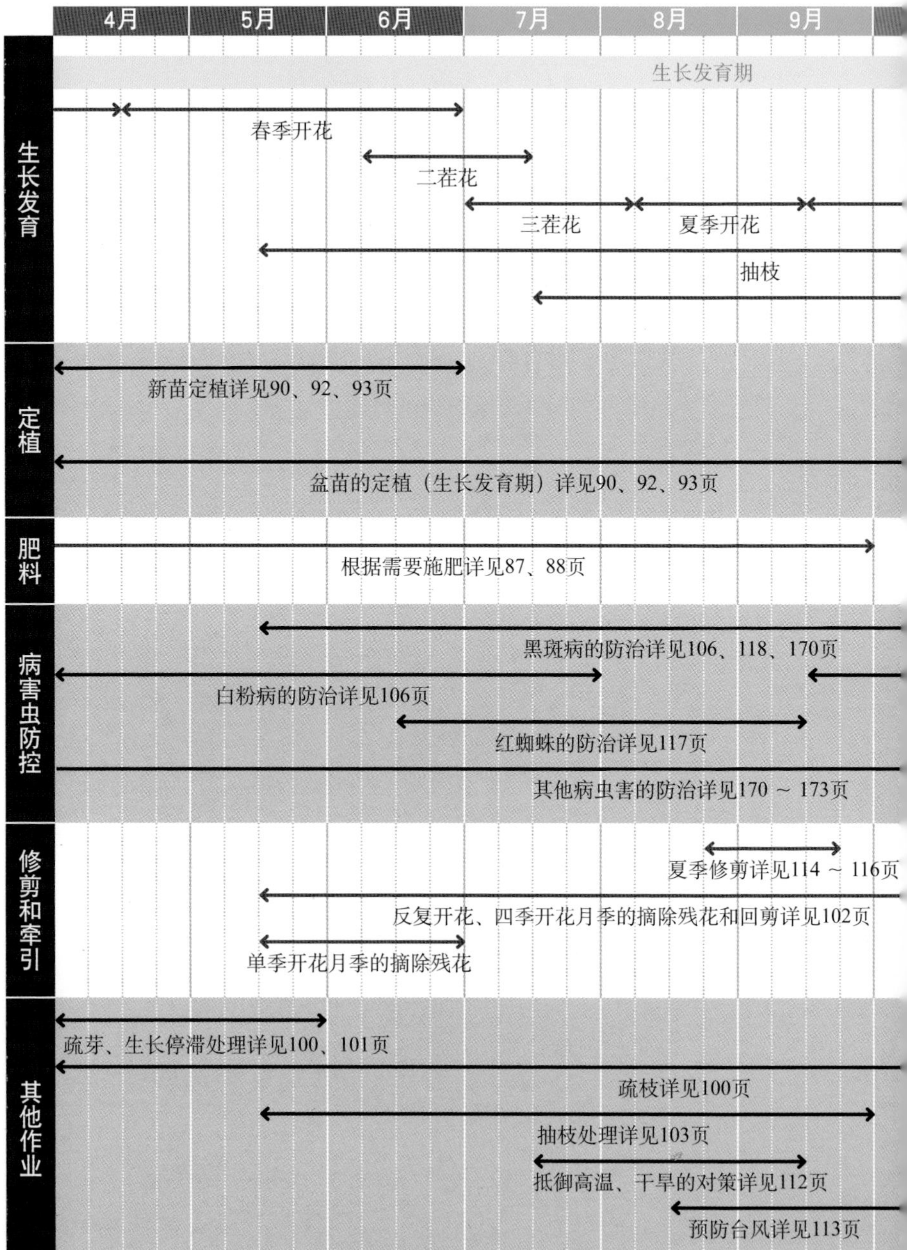

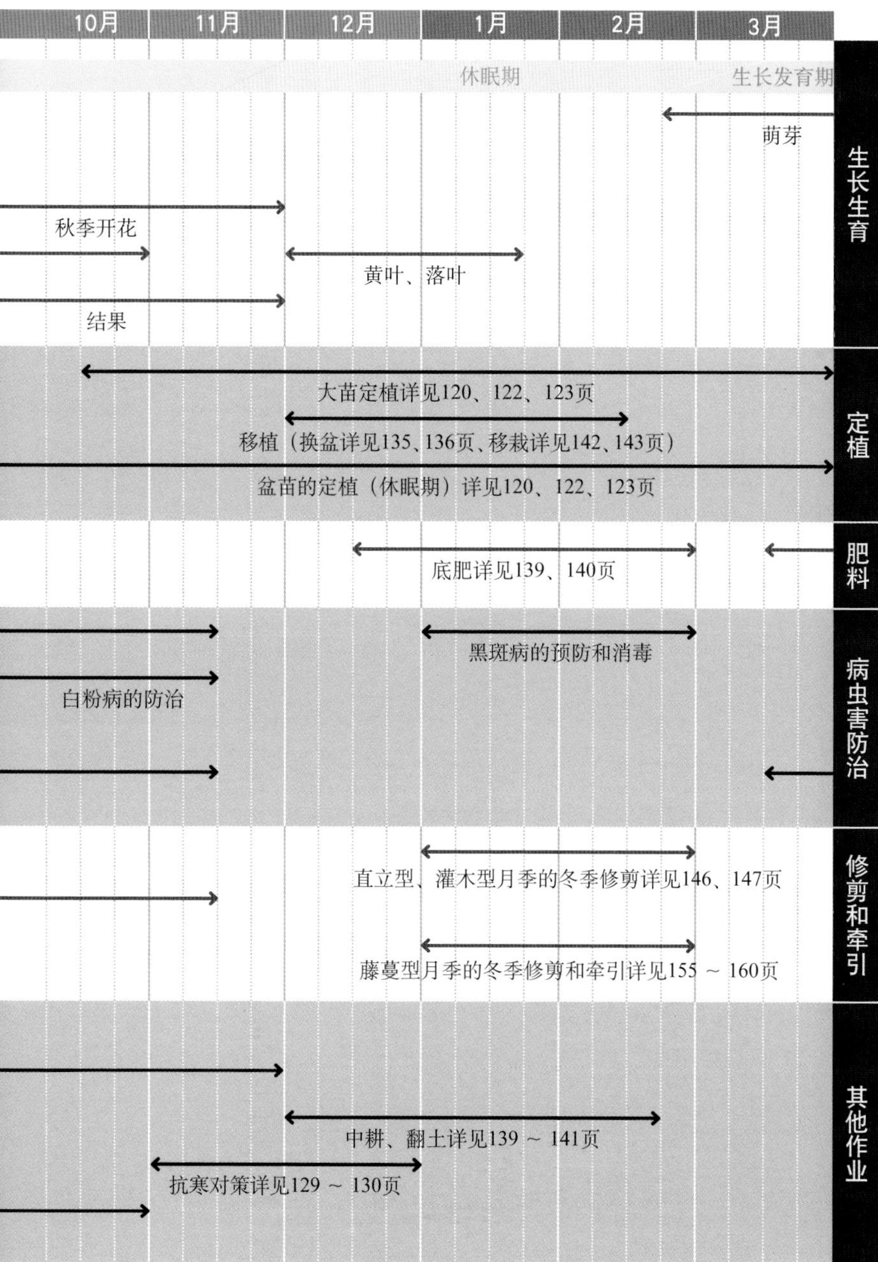
10月
11月
12月
1月
2月
3月
休眠期
生长发育期
萌芽
生长生育
秋季开花
黄叶、落叶
结果
大苗定植详见120、122、123页
移植（换盆详见135、136页、移栽详见142、143页）
盆苗的定植（休眠期）详见120、122、123页
定植
底肥详见139、140页
肥料
黑斑病的预防和消毒
白粉病的防治
病虫害防治
直立型、灌木型月季的冬季修剪详见146、147页
藤蔓型月季的冬季修剪和牵引详见155 ～ 160页
修剪和牵引
中耕、翻土详见139 ～ 141页
抗寒对策详见129 ～ 130页
其他作业

定植后的栽培管理流程

光照、通风、渗水性好且富含肥料的土壤，非常有利于月季生长。为了培育矫健的月季，尽可能让月季在理想的环境中生长。若想培养新的分枝，剪切掉花朵促进侧芽生长是非常重要的事情。

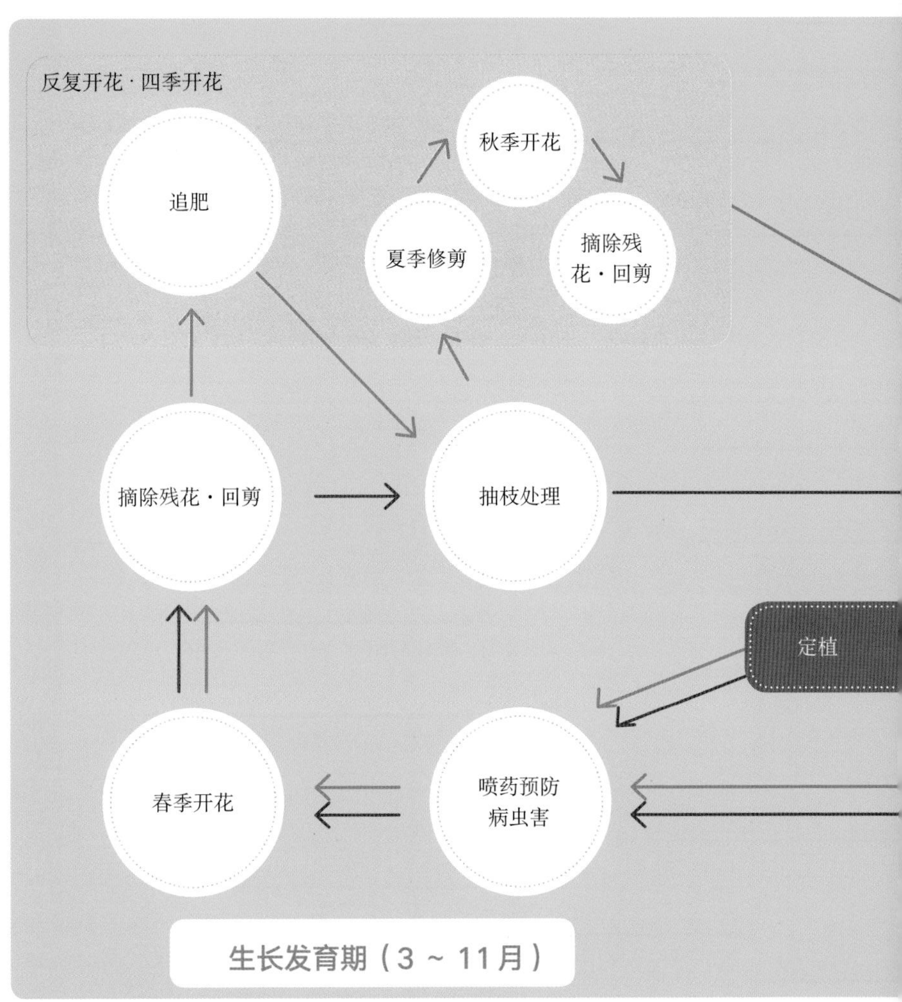

单季开花月季的种植流程……………………红色箭头 →
反复开花 · 四季开花月季种植流程……蓝色箭头 →

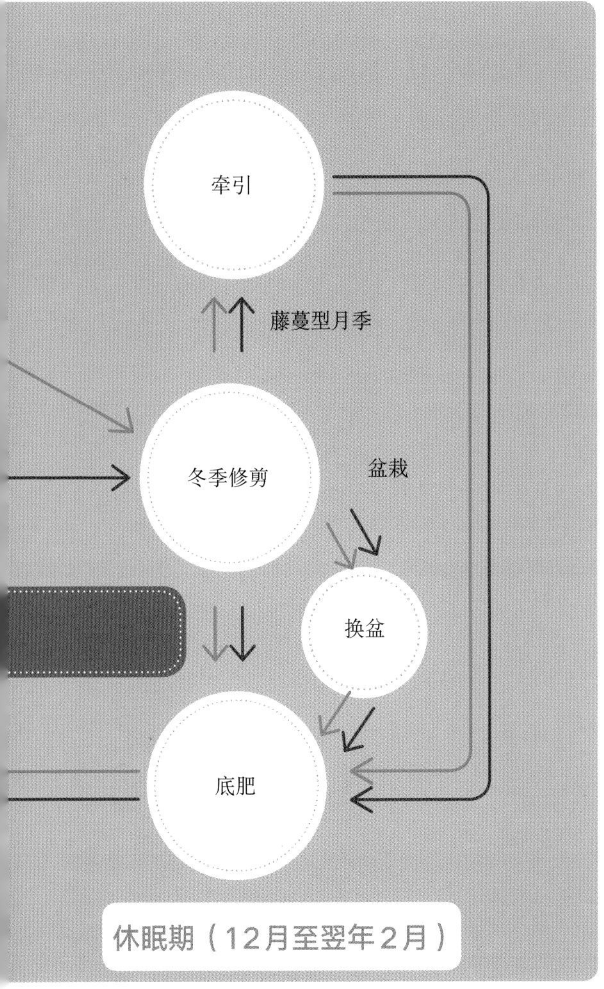

提示

日常管理的4个心得

1 要充分给予光照

阳光是植物重要的营养源。生长期每天最低要保证3h的直射光照。光照不足新芽很难萌发，纤弱的枝条无法正常伸长，且容易染病。光照角度和时间会随季节变化，所以要根据不同季节把握光照条件。庭院种植要适当修剪出枝条间的空隙，或移动盆栽，确保植株光照充足。

2 保持通风良好

空气流动可以防止潮湿闷热。通风不好、潮湿，光合效率会下降，容易发生病虫害。如果有阻挡通风的障碍物，要及时拿掉。周边的植物，以及月季自身的叶太过茂盛也会阻碍通风，所以要每天检查，确保月季周围通风良好。

3 土壤表面干燥后立即浇水

土壤表面干燥后，要立即浇水。用淋灌的方式为植株补充水分。根在缺水的状态下会为了寻找水源而向更深更广的地方延伸，所以干湿交替可促进根系生长。如果还没等到土壤干燥，就规律性地浇水，根系会对干旱的抵抗力变差，若是盆栽还会导致根系腐烂。但是不能等干旱到叶子枯萎时再浇水，那样植株会受到损伤。休眠期干旱时，盆栽每周中午充分浇水一次。庭院地栽时，定植当年要充分浇水，从翌年开始，盛夏每周浇一次水，只在持续光照的情况下浇水。

4 每天观察

生长期，如果时间允许要注意观察月季长势、萌芽膨大、新枝伸展、花芽形成等情况。对于拥挤的枝条发生分蘖，叶片虫害和叶子变黄等对月季生长不利的情况，要及时做出应对措施。

作业前的准备

做好月季种植前的准备工作，可以促进月季栽培工作的顺利展开。

☑ 检查清单（*Check Sheet*）

☐ 挑选优质苗 ……………… 选好月季苗是种好月季的前提，要了解购买优质苗的途径，掌握不同优质苗的特点。
▶参考78、79页

☐ 准备工具 ……………… 选购称心的工具，工具会成为你种植月季的得力助手。
▶参考80~83页

☐ 挑选花盆 ……………… 根据花盆的摆放位置及环境，选择适合的花盆。
▶参考84页

☐ 调制栽培用土 ……………… 要调制排水性、通气性、保水性、保肥性良好的月季用土。
▶参考85、86页

☐ 施肥 ……………… 要想让月季美丽绽放，要掌握好施肥时机与方法。
▶参考87、88页

月季苗的种类和挑选方法

月季苗大致分为4种。不同时期出售的种类、价格各异。第一次挑选月季苗时，可以选择带叶的，因为通过叶子判断苗的质量比较容易。

新苗

流通时期：春季（4 ~ 6月）

特征：前一年秋天到冬天嫁接，到春天培育成一年生苗。生长期多以盆栽形式出售。植株幼小，需多加管理。新苗的价格是最便宜的。藤蔓型品种的新苗到第二年也不会开花。

优质苗的特点：枝条粗壮、叶片肥大。5月中旬以后，选择距顶端20cm左右处枝叶生长旺盛的苗。3 ~ 4月在店里出售的多为温室种植的苗，要小心保护，不可暴露在寒风中。

大苗

流通时期：秋季至冬季（10月至翌年3月）

特征：在春天将新苗定植到田里，到秋天成为二年生苗。经常裸苗或放在塑料花盆中出售。枝条剪短，叶子全部摘掉，比新苗生命力强一些，价格稍高。

优质苗的特点：枝条硬、饱满。10月下旬至11月开始在店里出售。在这之前出售的都是过早挖出的苗。不要挑选没有生气、枝条纤细的苗。

窍门

购买带有标签的苗

标签上不仅有品种名称，还有四季开花或单季开花，直立型或藤蔓型等基本信息。因同一品种中可能既有直立型又有藤蔓型的植株，所以要特别注意标签上的信息。如果有品种名称，若想进一步了解，可自行查询。

标签表示的内容并不统一，但基本包括品种名称、株形和开花时期。

盆苗

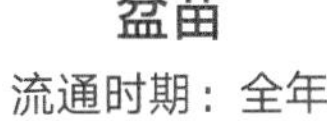

流通时期：全年

特征：大苗盆栽，多为三年生以上的苗。因生长充分，所以非常结实，初学者也可以放心种植。多在开花时期挑选植株。价格比大苗要贵一些。

优质苗的特点：挑选生长期的盆苗，枝和叶都要长势良好，没有病虫害。植株处于无叶的休眠期时，避开挑选枝条干枯的苗。检查植株基部是否有茶色、凹凸不平的块状物（根癌病：参考170页）。

长藤苗

流通时期：全年

特征：藤蔓型或灌木型，枝条在1m以上的苗。移植后可立刻用拱门等牵引。最好在月季专卖店挑选。价格比大苗要贵。

优质苗的特点：和盆苗一样，在生长期的长藤苗，枝条和叶片长势要好，没有病虫害。休眠期，挑选时要排除枝条干枯的苗。检查植株基部的剪切口是否正常。

需要准备的工具

工具要放在方便找到的位置。栽培月季最要紧的是时期，所以提前准备好工具会更好。最好挑选耐用性强、使用方便的工具。认真挑选工具，可增加对栽培月季的热爱程度。

耙子

很容易就能将掉落的叶子和花瓣聚集起来。清洁植株基部时比扫帚效率高。

中耕锄

除草作业时必备的工具。可以穿透土壤清除杂草。长柄的可以站着使用，非常轻松。

三角锄

利用其三角形的刀刃，在土壤表面划动，耕地或挖沟都很好用。可在狭窄的空间作业。

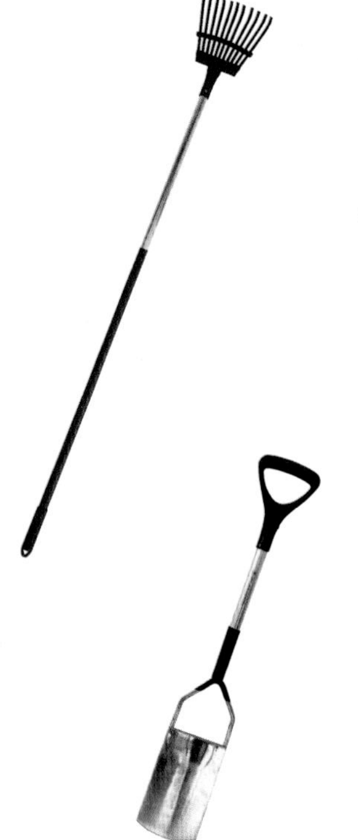

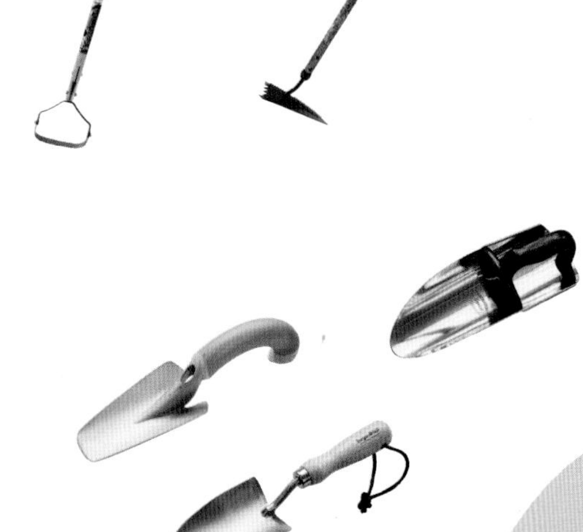

铲子

经常被用来挖定植穴或混合土壤。可以选择携带方便、大小和重量适宜的铲子。

移栽铲

建议选择不锈钢长柄移栽铲。有适合不同作业的多种样式。选择自己握着舒服的种类。

挖掘工具

修剪剪刀

使用频率很高，选择刀刃锋利、耐久性好的。有专门修剪枝条和花朵的细刃型，非常便利。

剪刀套

可以安全携带剪刀的皮革手套。也可以防止剪刀丢失。

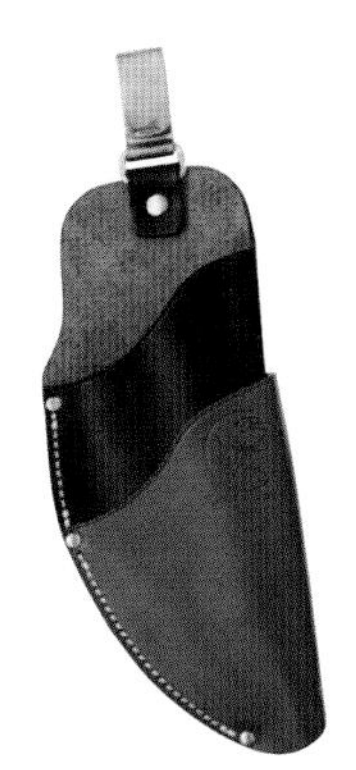

皮革手套

可以免受花刺扎伤手，要准备结实的皮革手套。推荐柔软又适合指尖的牛皮制手套。样式多种。

愈合剂

修剪完粗枝后，涂抹在切口处。可防止枯萎，也有助于伤口愈合。

分株刀

移栽定植、分株等作业时，分开根盘十分便利。不锈钢制的不易生锈，也十分趁手。

支架

种植月季用的支架也很美丽。

❶简单的半圆形支架。可以斜插，也可以用两个组成圆形。

❷宽10 ~ 15cm、高145 ~ 168cm的细长尖头花架。

❸带有月季装饰，和圆形支撑物组合使用的支架。

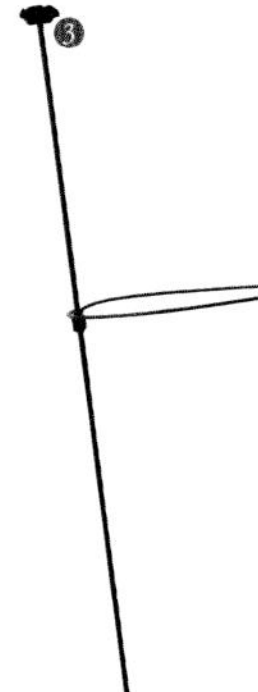

牵引绳

推荐使用不太引人注目的茶色和绿色绳。针对不同硬度的枝条选不同类型的绳，细枝可以用尼龙绳，粗枝可以用麻绳。

园艺工具包

可以将零散的园艺工具收集起来。有外面带有小口袋样式的，还有带有铝制提手、涤纶质地、折叠样式的，也可以用于搬运苗。

喷壶

喷壶斜口上有许多小孔，喷出的水流和缓，呈淋浴状。塑料质地的轻便，而金属制成的设计性较好。斜口可卸下的最好。喷雾可以直接喷在叶子上，很便利。

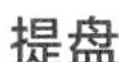

土壤改良剂

粉状的硅酸盐白土（million）。可以平衡矿物元素，吸附杂菌，让土壤保持良好状态，主要用于盆栽。

提盘

带有把手的园艺用托盘，有塑料制的，可以用于搬运苗，使用起来非常方便。

标签

将月季名称写在标签上，防止遗忘。有插入土壤的标签，也有吊牌标签。

活力剂

由天然的维生素制成。可以激发植物新陈代谢，提高抗耐性。在定植时可用其浸泡根系，或喷洒在叶片和根系处。还有高浓缩类型的根系活力剂。

养护工具

花盆的挑选

为了让月季的根系更好地生长，推荐选择透气性良好的土质花盆。该类花盆易干燥，盆内短时间内可形成干湿交替的环境，促进根系生长。若不能保证勤浇水，选择塑料材质的比较稳妥，其浇水次数少、质轻、结实。

推荐的花盆

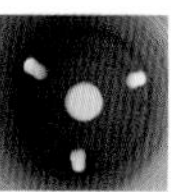

威士福德月季花盆

英国著名花盆制造商专门为月季爱好者制作的，带有月季花纹的深盆。美观、结实、透气性良好，因盆底有4个排水孔，排水性也极好。相当于10.5号花盆。

月季专用塑料花盆

日本制造的塑料花盆，外观时尚、质轻且结实的深盆。盆底设计使其通气性和排水性都很优秀，非常适合种植月季。相当于6～15号花盆。

素烧盆

设计简洁，是月季种植必备的花盆。大多数盆底平坦，所以尽量选择盆底排水孔大的花盆。

方形花盆

方形花盆更显雅致，使庭院更加别致。图片是花纹优美的深盆种类。

树脂花盆

和素烧盆很像的塑料花盆，意大利制造。大型的素烧盆十分沉重，树脂花盆轻便，与花盆中的土壤相比，花盆的质量可忽略。

提示

盆底处理

为了防止蛞蝓从排水孔爬入，要在其上覆盖滤网。同时也可以防止土壤从排水孔流失。月季专用塑料花盆由于排水孔为细条状，可不加隔离网。

将滤网剪成能覆盖排水孔大小，用铁丝穿过。

用准备好的滤网覆盖排水孔。

为了让滤网紧贴排水孔，将铁丝弯曲固定在盆底。

调制栽培用土

植物的生长离不开根系生长。而水分、氧气和营养物质是根系必需的，所以准备的土壤必须具备一定的排水性、通气性、保水性和保肥性。所以，要调制富含有机质的土壤来种植月季（参考92、93页）。

混合有机质

堆肥和腐叶等是具代表性的有机质，会被土壤中的有益微生物或蚯蚓充分分解，成为土壤的基础肥力。在保证补充植物生长所必需的微量元素的同时，也让根系更容易吸收水分和氧气，长久地供应养分，促进细根增粗生长。庭院土一般通气性差，必须加入有机质改良。

判断土壤质量时，可用手轻握土壤成团，然后松开，形状不散的是黏性土壤，用指尖碰触即散的是富含有机质的优质土壤。

挖上下一样粗的种植穴

种植穴以直径、深均为50cm为宜。挖种植穴很容易上粗下细，为了让月季根系伸展顺畅，尽可能使种植穴上下同粗。下方有障碍物无法深挖时，可将种植穴拓宽，或在种植穴外沿围框，保证穴的容积。但浅植容易干旱。

认真挖出直径和深度都是50cm的种植穴。种植穴的土壤容量在60L左右。

土壤改良使用的主要土壤及材料

赤玉土

是日本关东地区亚黏土层的红土干燥之后的产物。通气性和保肥性极好。种植月季时，可以选择通气性和保水性较好的中粒土。大概用量为全部用土量的30%。

腐叶土

由阔叶树的落叶发酵而成。通气性和保肥性极好，可以增加有益微生物。若散发难闻气味则为发酵不充分，要避免选择这样的腐叶土。大概用量为全部用土量的30%。

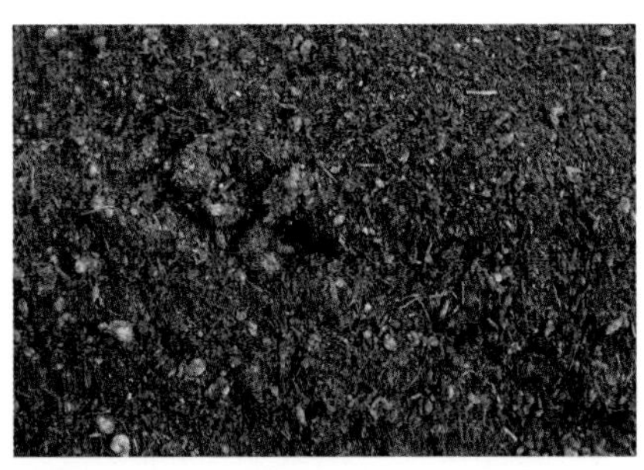

堆肥

通气性和保水性和保肥性都极好，可以增加有益微生物。有牛粪和马粪等种类，容易获得。必须完全发酵，一个种植穴中大概用15L为宜。

硅酸盐白土

天然的多孔黏土，硅酸盐白土的颗粒化物。通气性好，可以有效防止根系腐烂，并补充钙等微量元素，促进其生长。使用量不足全部用土量的10%。

提示

盆栽用成品的培养土更方便

盆栽时根系生长空间会受限，所以必须使用优质土壤。种植数量较多时，可以购买品质有保证的培养土。根系1年的充分伸展，即可长满整个花盆，每年应移栽一次。

金宝系列培养土（Biogold soil）

能够压住月季根系，通气性、保水性和保肥性都十分优秀，适合初学者使用。

施肥方法

新枝伸展，花朵绽放，营养成分是必需的。植物生长所必需的营养元素有十多种，其中最重要的是氮（N）、磷（P）、钾（K），这三种元素被称为肥料三要素。把握好施肥时机，适量施肥很重要。

休眠期施用底肥

春天萌芽和一茬花开花，以及根系和枝条生长所需的营养都来自底肥。另外，定植时也需要底肥。月季专用的底肥，多使用根系生长发育所必需的磷肥和钾肥。庭院种植，中耕作业时将底肥和土混合施用效果最好（参考139 ~ 140页）。盆栽换盆时将底肥与新土混合。单季开花的品种基本只需使用底肥。

将月季基部25cm范围内、深30 ~ 40cm的土挖出并与腐叶土或堆肥混合，再将混合了底肥的土重新填入穴中。该过程多少会切断一些根，对根系形成刺激作用，但能促进根系生长。

发育期追肥

一般四季开花品种需要在秋季追肥，也称秋肥，在开花末期使用，为下一次开花补充营养。若使用非月季专用肥料，春天一茬花开过之后，枝叶进入生长期，最好施用氮素多的肥料。氮、磷、钾在2 ∶ 3 ∶ 2为宜。秋天控制氮素，增施钾肥，使枝条坚硬饱满。单季开花品种叶子变浅绿色时要少量追肥。

追肥时，必须阅读肥料使用说明，按照规定施用。盆栽追肥时，要尽量远离植株基部。庭院栽培时，要在距离基部30cm处，薄薄地撒一圈肥料、腐叶土和堆肥，并注意在不切断根系的情况下浅耕。

提示

方便使用的肥料

肥料种类丰富，一般使用月季专用肥料。底肥和追肥分开施用。

休眠期或定植时施用的底肥

金宝系列经典底肥

促进根系生长的类型，和土壤混合使用，是粒状肥料。含有较多微量元素，可增加土壤中的微生物。

生长期的追肥

金宝系列月季专用肥

该肥为固体肥，增加了磷酸、氨基酸和钙等矿物元素。

植物生长必需的营养元素

三大营养元素	
氮（N）	促进茎和叶的生长发育，对植物发育有很大影响。
磷（P）	对花蕾或花色、坐果等有好处，可促进根系生长发育。
钾（K）	可以使根系结实，提高植株的耐寒性和耐热性，以及抵抗病虫害的能力。
中量营养元素	
钙（Ca）	强化细胞。
镁（Mg）	叶绿素的组成成分。可以激活酵素。
硫（S）	与根系生长和蛋白质合成有关。
微量营养元素	
	铁、锰、铜、硼、锌、氯、钼等。

4～6月的工作

枝叶不断生长，终于到了期待开花的季节了
赏花的同时挑选自己喜爱的品种而趣味横生的季节。
开花后要注意整形修剪，培养出健康饱满的植株。
以下是该时期的工作清单。一边划勾一边开始做。

☑检查清单（*Check Sheet*）

- ☐ 定植 …… 因为在生长期，所以定植时不要让根盘散开。注意底肥施用不要过量。
  ▶参考90、92、93页
- ☐ 浇水 …… 在降水较多的时期，土壤表层干后应立即浇水。
  ▶参考76页“日常管理的4个心得”
- ☐ 疏芽、遮光处理 …… 每天观察植株生长情况，及时除去多余的萌芽并适当进行遮光处理。
  ▶参考100页
- ☐ 疏枝 …… 梅雨前必须进行一次疏枝。
  ▶参考100页
- ☐ 花枝修剪 …… 要仔细看下次出芽的方向，注意修剪的角度。
  ▶参考101页
- ☐ 追肥 …… 四季开花品种，需要在每次花开快结束时追肥。要注意追肥用量。
  ▶参考87、88页
- ☐ 分枝处理 …… 尽早处理。
  ▶参考103页
- ☐ 病虫害防治 …… 叶进行消毒。发生初期，喷洒适合的药剂。
  ▶参考106、107页

盆栽

新苗、盆苗的定植

新苗或盆苗，一般放在很小的花盆里销售，这种状态容易造成土壤干燥。盆栽为了让根系能顺利生长，要换大盆，填入新的土壤进行定植。生长期移栽注意不要让根盘崩散。

1 准备花盆和土壤

需要准备的东西

苗、花盆、土壤、底肥、移栽铲子、轻石（大颗粒）、带斜喷嘴的喷壶或带花洒的软管

新苗用6号花盆，盆苗准备比原来花盆大两圈的花盆为宜。如果比根盘大出太多，不容易营造干湿交替的根系环境，但若花盆太小，根系盘桓也容易使植株倾倒。花盆最好根据植株生长状况逐渐扩大。带花和花蕾的盆苗，等其花期结束、完成修剪再移植。

轻石影响根系伸展，一般在由土壤质地不良或花盆结构导致排水不良的花盆底部铺2 ~ 3cm厚，将均匀混合了底肥的土壤填至花盆一半位置。底肥施用要适量，过多会导致根系灼伤，阻碍其生长。

2 按住植株基部将苗拔出

新苗的接口很容易错位，所以要手握砧木的基部，将苗慢慢拔出，同时将软塑料花盆向相反方向拔。如果因为根系扩张很难拔出时，敲打花盆侧面会更容易拔出。

换盆小心操作，防止根盘散开。新苗支柱不要取下就移栽。为了防止新苗根系腐烂和促进其生长，定植前可在根盘喷施土壤改良剂。参考83页。

窍门

用金宝系列的肥料做底肥或追肥效果较好

肥料施用不当会伤害根系，影响生长发育。金宝系列经典底肥和月季专用肥（参考87、88页），所以是比较安全的肥料，少量接触根系不会造成伤害，即使施用稍过量也不会对生长发育造成影响。含有促进微生物繁殖的成分，可改良土壤。推荐月季种植初学者使用。

3 移栽时要防止根盘崩散

将苗放入盆中，周围用土填实，将根盘调整到距花盆上缘3cm的高度。为了不留空隙，用筷子将土压实。要注意不要戳到根系，防止根盘散开及根系受损。

4 接口要高出地面

填土时，不要将接口埋入土中。新苗接口处缠绕的胶带，一直到秋天也不要摘掉。如果苗身被勒紧，还是要尽早摘除。

留出3cm的浇水空间，剩余用土填满。若用树脂花盆，将花盆磕地摇平最好。

定植后立即浇水。喷洒浇水可将氧气带入土壤中，用细水喷洒可使根系间水分充足。梅雨季节湿度低，生根时期保持土壤温润很重要。

庭院种植

新苗、盆苗的定植

定植时要改良定植穴底部的土壤。庭院栽培成功的秘诀是，努力挖定植穴，将土壤改良成富含有机质、透气性良好的土壤。带花的盆苗可以等花开过后再定植。

1 挖定植穴

需要准备的东西

苗、赤玉土（中粒）、腐叶土、堆肥、硅酸盐白土、底肥、铲子、带斜喷嘴的喷壶或带花洒软管

在光照、通风良好的地块，挖出深50cm、直径50cm的定植穴。将体重压在铲子上将土铲起，掌握技巧将土向后翻起。

若定植穴底部太小，根系不易舒展。定植穴大小如同10号花盆，要尽量保证上下同粗。如果挖出碎石，要取出扔掉。

2 混合土壤

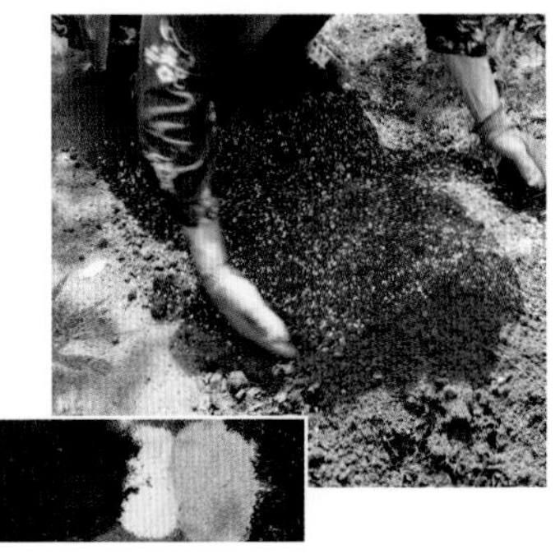

按庭院土3：堆肥1：硅酸盐白土1：赤玉土2：腐叶土3的比例改良庭院土。将土充分混匀，按规定量的一半添加底肥并拌匀。堆肥或腐叶土一定要完全发酵。庭院土为红土时，可不加赤玉土。

在种植穴中加入5～10L堆肥，与底部土混匀，再加入底肥，用铲子搅匀。排水不好时，可多加些硅酸盐白土。将7成改良土填回穴中。

3 种植时不要打散根盘

定植盆苗虽然对时间要求不严，但也最好避开夏季最炎热的时期。若气候适宜，新苗已适应环境，可将盆苗直接种在庭院中。注意在根系活力旺盛时定植，不要打散根盘。

盆苗根盘缠绕，从塑料盆中拔出，最好敲打盆边缘，以便取出。新苗的嫁接口很容易错位，所以要抓住带有支柱的砧木基部，然后将盆向反方向拔出。

4 接口要露出地表

将苗放置在种植穴中心，嫁接口要高于地表的位置。将周围的改良土填入穴中，轻压固定根盘。最后用支柱固定新苗，防止被风吹倒。

定植后立刻浇水。宜用喷洒的方式充分浇水（10L以上），以增加水中氧含量。庭院种植由于根系不易伸展很容易枯萎，所以土表一干燥就要充分浇水，将水渗入地下深处。特别是新苗需要谨慎观察。

窍门

如果小心照顾依然无法照看好，新苗最好选择地栽

新苗盆栽有利于其健康生长，但夏季干燥，若疏于换盆，很可能导致根系盘结。如果月季生长空间充足，也可选择地栽，只要遵循“土壤表面一干燥就浇水”的原则，地栽也可以让根系充分伸展。

盆栽

长藤苗的定植

长藤苗在买入后可以立即攀爬到架子上。植株水分和养分流动频繁的生长期，不要强行弯曲花架上的枝条，要保持枝条伸直。四季开花品种如果管理得当，秋季就可以欣赏到花朵绽放。

1 更换花盆，架花架

准备比原花盆大两圈的花盆，盆底的排水孔为防止蛞蝓爬入要用滤网覆盖（参考84页）。在这里准备的是12号花盆。盆底排水孔较小，为了排水稳定、顺畅，不建议使用轻石。将适量底肥均匀混入准备好的土壤中，之后填至花盆一半处。

需要准备的材料及用具

苗、花盆、花架、尼龙绳、土壤、底肥、移栽铲子、轻石（大粒）、带斜喷嘴的喷壶或带花洒的软管

立起花架。在这里使用的是宽60cm、高150cm的花架。要插入到土壤适宜的深度。压实土壤，插牢花架。

2 保持根盘不散

盆苗根盘缠绕过多时，用拳头敲打塑料花盆侧面会更容易拔出。一年中任何时间都可以定植，但根系和芽活跃的生长期，最好不要让根盘散开。根系受损会影响吸水，严重时全株枯萎。长藤苗带有支柱，定植前摘除。

参考90页将土填入盆中，并定植，调整根盘高度。展开枝条，将所有的枝条盘在花架上。因为是芽萌动期，不要强行盘绕枝条，每枝有3处固定在花架上为宜。将苗周围用土填实，根盘最后定植。将花架插牢，保持花架底部不摇晃。

3 将枝条固定在花架上

坚硬的枝条下方，用尼龙绳缠绕2圈固定在花架上。花架与枝条之间留出5mm的距离。因为枝条还会生长变粗，如果系太紧会勒进枝条里面。其他枝条也顺序操作。

如果下方不出幼枝时，为了让分蘖萌出，可以将老枝剪去，促进抽枝。要让植株基部经常能晒到太阳。

窍门

装饰用花架要有留白

容易栽培的盆栽月季要立花架，使用设计优美的花架会显得时尚。好不容易架起的花架装饰不要全部被月季覆盖，在花架上面部分留少许空间，可以牵引枝条生长。为了显得紧凑，可以选择灌木型月季或微型藤蔓月季品种。

4 枝条依附花架生长

立起花架后，如果枝条向前长出的话，开花时不好看。让枝条顺着花架生长，可以保证枝条从侧面看保持在同一平面。若要保留全部枝条，要剪掉枝条顶端的生长点。

定植后浇水至水从盆底排水孔流出的程度。用细喷壶浇水最好，水中氧气含量增加，并带入根系。

疏芽、疏枝、生长停滞处理

处在生长期的月季经常在不经意的地方长出芽。如果放任不管，会使植株基部或内部拥挤闷热，导致病虫害频发，所以需要处理。新苗或叶子数量少的幼株不需要这样做。

疏芽

枝条下方多余的芽要疏除。健康的成株，以及生长旺盛、枝叶茂密的植株基部容易拥挤，所以要及时疏芽，以减少不需要的枝条对能量的消耗。

抽枝下方多余的芽，要趁着还未伸展前用手摘除。

疏枝

梳理拥挤的枝条。春天开过一茬花之后，每天都要检查植株基部和内部，将枯萎、细弱、向内生长、中途停止生长的枝条疏除。植株基部带泥容易发生病虫害，基部光照不足就很难抽出新枝，所以将植株基部30 ～ 50cm以下叶子全部摘除。

闷热会招来病虫害。在天气炎热之前将拥挤的枝条疏除。

↓

植株基部清爽了，有利于通风透光，减少病虫害。

生长停滞处理

判断生长停滞的枝条。芽展开时，轻摸芽的顶端，感觉有凸起则为花蕾，否则该枝条生长停滞。接下来要在芽抽出位置前修剪。仔细观察芽伸展的方向，考虑修剪位置。放置不管侧芽也会萌动，但开花比其他枝条明显延迟。一经发现生长停滞的枝条要尽早切除，这样侧芽就能尽快萌动开花。

提示

俯视拱门疏枝

俯视拱门，若天井部的枝条重合，容易形成拥挤状态。为了避免成为病虫害的温床，要疏除下面的枝条，让其保持通风良好的状态。

切除位置要根据生长停滞的长度决定，如果很难决定，就以接下来想要长出芽的位置决定。

摘除残花、回剪

月季开花后每天都要摘除残花、回剪。为了美观或预防病害，要尽早摘除开过的花，不可放置不管。这样四季开花或反复开花的品种，接下来的花更容易绽放。那些为了收获果实的月季不需要这样做。

摘除残花

簇生品种，首先中心部最大的花蕾绽放，然后周围小一些的花蕾次序绽放。摘除凋谢的花，促进周围的花蕾绽放。新苗或幼株，或长势弱的植株等，叶片较少，为了光合作用可以只将花头剪掉。

杂交茶香系的枝变品种开花后期。

回剪

四季开花或反复开花的品种，剪除花头后侧芽开始伸展，侧芽长成的枝条还会再次开花。紧挨花下方的1～2片叶子的基部有侧芽，开花结束后就已经开始伸展了，该芽长成的枝条不够健壮。为了让还未萌动的健壮芽萌动，所以需要将花头连同下面1～2片叶子剪除。为了让芽平行生长，要注意剪切的角度。

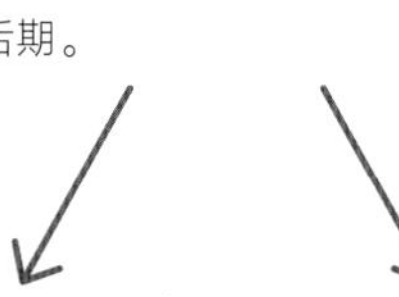

摘除残花时只剪掉花头。剪的位置在紧挨着的叶子的下方。

因为只剪切花头，所以叶子数量以及植株形态都不会变。

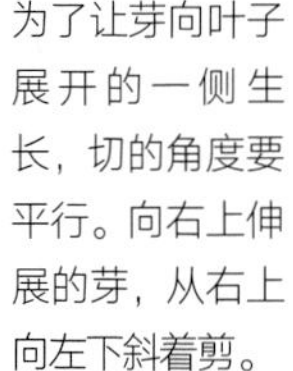

为了让芽向叶子展开的一侧生长，切的角度要平行。向右上伸展的芽，从右上向左下斜着剪。

剪除后植株形态会暂时变小一圈，但是等新枝伸展开后，容易再次开花。

抽枝处理

抽枝在5～10月发生。幼株要注意培养第二年以后开花的主枝，认真消毒，确保光照充足。成年植株，为了保持株形，如果需要培养新枝，要将同方向的老枝剪掉促进更新。

直立型月季长出花蕾后要摘心

为了培养健壮的主枝，长出花蕾后要摘心（参考67页）。顶端摘芽后，侧芽开始萌动，枝条伸展、叶片增加，光合作用能很好地进行，使枝条饱满充实。

徒手摘心

如果在初期就注意到了抽枝，开始出现花蕾时是摘心的最佳时期。

↓

枝条柔软的，可以用手简单摘心，5枚叶子以上的前端用手捏住可折断。

↓

摘心后，顶端叶子的基部会生出新芽。

用剪刀摘心

从植株基部抽出的3条新枝，都是带着簇生花蕾的枝条，处于生长停滞状态。

↓

切的位置要按自己希望的株形来确定。最好在距顶端15cm处。

↓

3条新枝在稍微深一点的位置摘心。之后侧芽就会伸展，再次生长成枝。

藤蔓型月季，枝条径直向上生长

植物优先将营养输送至顶端的现象称为“顶端优势”（参考65页），可以利用这一性质促进藤蔓型月季分枝伸长。顶端一旦弯曲树势就会变弱甚至生长停滞，所以在到达想要的高度前，应保持枝条径直向上生长。

盆栽藤蔓型月季定植一段时间后，枝条中间容易出分枝。生长旺盛的枝条所占空间大，花盆过小时，容易倾倒，也容易干旱。

→

可换大盆或架设支柱，将枝条绕在其上。为了不让根盘崩散，每年都要换盆。分枝生长很快，所以支柱最低要150cm。将枝条分几个点固定在支柱上，但注意不要折损枝条。若空间足够的话，每枝用一个支柱。

窍门

保持自己喜欢的株形，切掉分枝也可以

如果是3年生以上的成熟植株，不一定需要更新分枝。如果想要维持现在的株形，可以切除新长出的分枝。一般营养会优先输送到新枝，因此，要尽早处理分枝。切掉新枝后，养分就会分散到老枝，促进老枝生长。

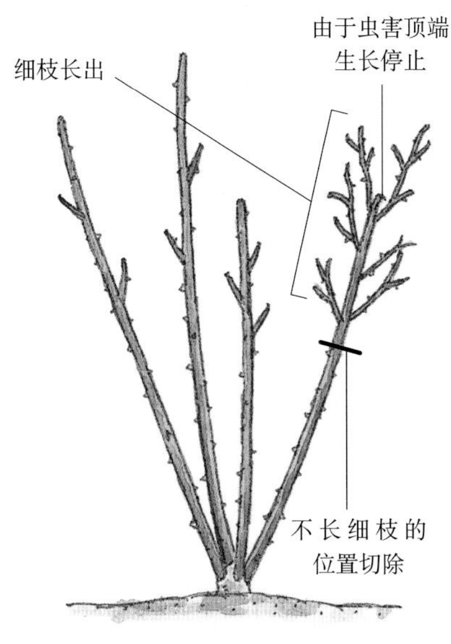

出现分枝后切除

分枝在生长过程中，遇到昆虫啃食，生长停止，然后风将枝条顶端吹弯，“顶端优势”被解除，之下的侧芽会生成许多幼小瘦弱的细枝。这些枝条无法使用，要在不长出细枝的位置切除，在切除位置附近会长出健壮的枝条。

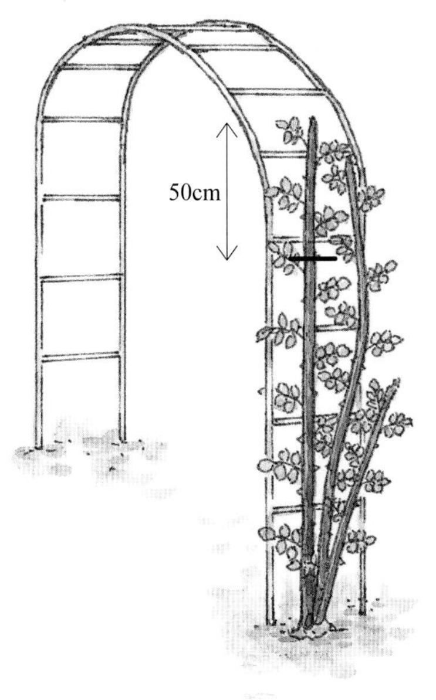

太粗的分枝要从中间切掉

大花型藤蔓月季能长出直径在5cm以上的枝条。在搭建拱门时，如此粗的枝条不适合在拱门上方缠绕。所以要等到粗枝长到拱门顶部，从顶端50cm处切除。之后，下面的侧芽会立刻长成细且易弯曲的枝条。

病虫害防治

在病虫害发生的早期及时防治是应对病虫害的基本原则，所以每天都要认真观察，努力预防。营造光照、通风、渗水条件良好的环境，培育健壮植株是大前提。要了解病虫害，牢记预防和防治对策。

特别注意！月季的两大病害

黑斑病

症状：叶子上出现黑色病斑并扩展。最终叶片黄化脱落。该病从下方叶子向上部扩展，如果植株足够成熟，叶片有再生的可能，但刚刚定植的一年生新苗抵抗力差，一旦感染就会发育不良或枯死。

感染途径：病菌随雨水传播，从植株老叶侵入。梅雨季节或台风之后是该病多发期。病菌全年潜伏在空气中，22～26℃条件下，老叶被雨淋湿数分钟，就有可能被萌发的孢子侵染。

预防：摘除植株老叶，保持通风良好。新苗必须喷施有效的药剂进行预防。盆栽在下雨时搬到屋檐下等地方进行避雨保护。

治理：已感染的叶子要连同附近的叶子一同摘除，落叶也要清理掉。对感染植株及其周围植株喷洒药剂（参考170页）。症状不见缓解时，要在3天内连续用药3次，彻底根除病菌。

白粉病

症状：新芽和嫩叶、花蕾或花朵处，被像粉末的白色霉菌覆盖。叶子会萎缩、花蕾和花朵会变白。感染不断发展，不会造成落叶，但会严重影响生长发育。

感染途径：春天到晚秋，稍微干燥的白天，空气中会有孢子飞散，湿度高的夜间，会沾到干燥的叶片上并扩展。30℃以上孢子不会萌发，湿润的叶片沾不上。氮素过多，导致输送到花蕾和新枝叶的糖分过剩，这些过剩的营养就会成为病菌的目标。

预防：傍晚浇水会增加夜晚的湿度，所以要控量。控制氮肥使用。每年春天，会从同一品种、同一植株开始感染，要喷施药剂预防。

治理：摘除感染的叶子和枝条顶端的花蕾，在感染植株和周围植株上喷施药剂（参考171页）。症状无法缓解时，要在3天内连续用药3次，彻底根除病菌。

要警惕顽固的害虫！

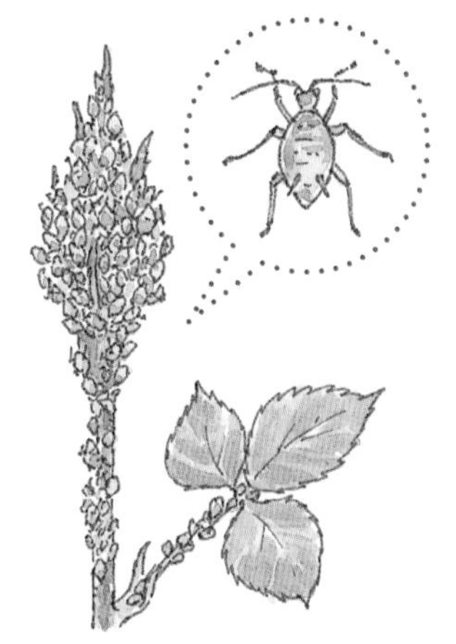

蚜虫

为害状：虫体长1mm左右，绿色或黑色。易在新芽、嫩叶、花蕾等处集体爆发，吸附在其上吸食汁液，还会成为病毒的媒介，排泄物会诱发煤污病。

治理：如果看到了蚜虫就用手指剥掉。如果大规模发生，可以用适合的药剂喷洒在被害部位和周围的叶子背面。

斜纹夜蛾

为害状：以幼虫为害，可聚集在叶片背面，将叶子啃食得薄而透明。长大后变成褐色的毛毛虫，白天在土壤中潜伏，夜晚啃食叶片和花朵。

治理：初期驱除很有效果。白天很容易发现叶片背面群聚的幼虫，将它们从叶子上摘除并消灭。虫害发生严重时，可以使用药剂，或轻轻挖开植株基部找到虫源处，进行处理。

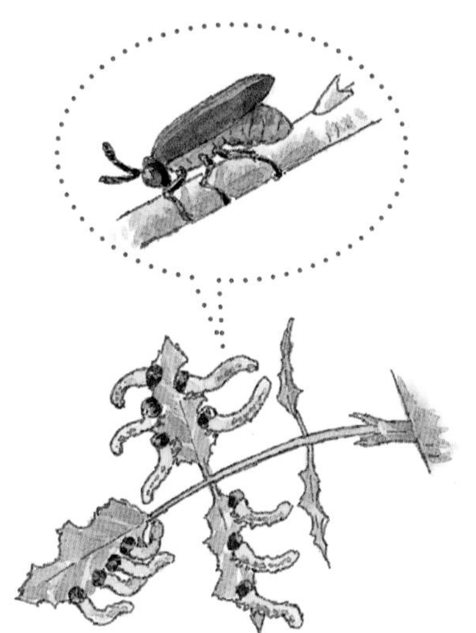

月季叶蜂

为害状：在茎中产卵，幼虫孵化后，群聚在叶子边缘处，啃食叶片到只剩叶脉。

治理：对飞来的成虫进行捕杀极其难。如果发现幼虫，要连叶子一并摘除处理。

病虫害预防

新买的苗首先要进行预防消毒。之后，定期喷施药剂进行预防，每10d一次，抑制病虫害发生。每天观察及时捕杀害虫为首选预防虫害的方法。

准备的用具

喷施预防药剂要在定植后立刻进行，用具要提前备好。手边要有橡胶手套、防护眼罩、计量器、防护口罩、药剂、喷雾器。其他还需准备黏着剂和帽子、防水上衣。植株数量在20株以内时，可以用手动喷雾器。多于20株，藤蔓型月季开花又多，采用电动喷雾器喷施，效果更好（图为容量5L的电动喷雾器）。

基础预防药剂

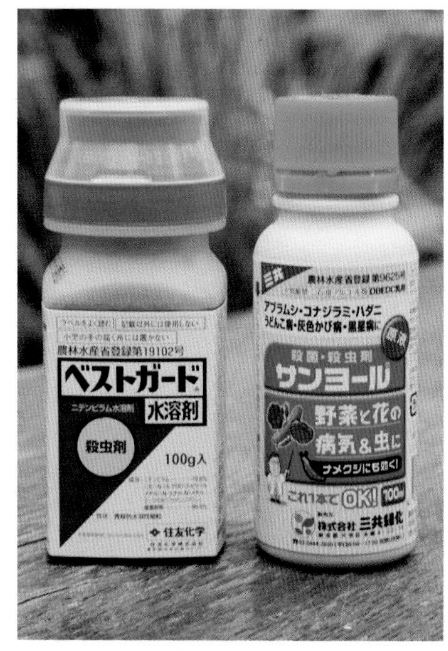

（左）烯啶虫胺水溶剂

预防蚜虫用。会被植物吸收，药效可持续一段时间，能杀死吸食叶片汁液的害虫（渗透移行性）。对天敌和蜜蜂影响较小。

（右）胺磺铜乳剂

用于预防病虫害的杀菌杀虫剂。可预防黑斑病、白粉病，对蚜虫等也有防杀效果。

预防用杀菌剂和杀虫剂都要准备。将其混合喷施。预防药剂，对多种病菌都有效果，多次使用都很难产生耐药性。但是，该类型药剂的杀菌能力弱，不能用于已发生的病虫害治疗。

预先稀释

先在喷雾器的容器中装一半水，混入规定量的黏着剂。按规定量加入预防杀菌剂（胺磺铜），充分摇匀，再用水加满，再次摇匀，保证浓度均一。使用预防用的杀虫剂（烯啶虫胺）时，用量杯从容器中分出一杯水，按规定量加入杀虫剂，用棒搅动使其充分融解再倒入容器中。颗粒状的药剂很难融，但最好也这样添加。

在无风的早上或晚上喷施

4月以后，如果晴朗的白天喷洒药剂，植株上的药剂浓度会变高，所以要在早、晚凉爽的时间进行喷洒。阴天最好。喷雾器要先按一下，排出软管中的空气，以保持药剂均匀喷出。首先，将喷管向下，从植株上方喷洒到植株基部，再将喷管向上，将叶子背面无一错漏地全部喷上，花上也要喷洒。枝条密集拥挤时，可以“8”字形喷洒。

提示

（左）乙酰甲胺磷

气溶胶型杀虫剂。其成分会渗透进植物中（渗透移行性），药效较长。预防和治疗都有效。

（右）胺磺铜AL

可以直接喷洒的杀菌杀虫剂。用于黑斑病，白粉病、蚜虫等的预防。

种植量较大时用喷雾剂较便利

喷雾剂可以直接喷洒，密植栽培时推荐使用。对各种病虫害都有效果，左边推荐的两种最适合月季。预防药剂7～10天喷洒一次。气溶胶型喷雾剂要距离植株50cm无遗漏地喷雾。如果太近，容易发生冻害，所以需要注意。

本书出现的农药等，可能由于农药登记变更而无法使用。使用农药前，必须阅读农药使用说明书，掌握该农药针对的植物、病虫害、使用方法等，在此基础上正确使用。

Column 专栏 2

感受月季的花香

'格特鲁德·杰基尔'（Gertru de Jekyll）花朵粉色，香气浓郁、持久性好，是最适合做干花瓣的品种之一。

除了观赏花朵之外，感受花香的方法也有很多种。可以尝试手工制作化妆品，优雅的花瓣浴也是极致的享受。珍惜每一片花瓣，可将花瓣干燥后封存。

干花瓣制作的技巧，趁着清晨花香最好的时间，将开到7成的美丽花朵摘下，尽快干燥。如果是在春天到夏天开的花，要将花瓣抚平展开，放入有遮阳板的车中，彻底干燥后，将花瓣收集起来。请尝试一下这个小窍门。

做好的干花瓣，从香味袋中取出，放入漂亮的容器中做装饰。

月季干花瓣的制作方法

❶取开到7成且无损伤的花朵，将其放入一个大碗中。红色和粉色等颜色浓烈的月季可以留下美丽的花色。因为可以用月季精油提高香气，所以也可以混杂一些没有香气的品种。

❷花瓣要从花萼处小心摘下。尽量不要重叠，抚平花瓣。在半阴且湿度低的地方风干，大概需要几天到1周时间。

❸基本快干时，为了防止发霉，可以放入微波炉中转30s。

❹放入密封瓶中，滴3滴月季精油将盖子封好，轻轻摇晃使其混合均匀。这时将干燥薰衣草和丝柏混合进去，香气会更好。封存1个月左右，香气会更加成熟。这期间，可以时不时摇晃瓶子使香气混合。

月季干花瓣放入漂亮的玻璃容器里，放在玄关处作为装饰品会更好。大马士革蔷薇精油会让香气更迷人，可以考虑少量添加。

7～9月的工作

对月季而言，夏天是非常难熬的季节。要注意通风和预防干旱。这个时期是黑斑病和因红蜘蛛造成的落叶频发的时期，为了秋季欣赏到花朵要加倍努力看护植株。夏季特别需要做的工作和从春季延续下来的工作，都不要忘记。

☑检查清单（*Check Sheet*）

- ☐ 定植 …… 注意不让根盘散开，要按规定用量施用底肥。
  ▶参考90、92、93页
- ☐ 抵御高温、干旱 …… 盆外套大一号的花盆做成双层，尽量避开午后强光。
  ▶参考112页
- ☐ 浇水 …… 非常容易干燥的时期，要注意过度浇水会导致枯萎。
  ▶参考76页（日常管理的4个心得）
- ☐ 疏枝 …… 要尽快、认证完成的工作，打造清爽的植株基部。
  ▶参考100页
- ☐ 摘除残花、回剪 …… 如果每天进行，病虫害会减少。
  ▶参考102页
- ☐ 追肥 …… 四季开花品种开花结束后追肥，单季开花品种需要促进生长时，8月中旬开始少量追肥。
  ▶参考87、88页
- ☐ 抽枝处理 …… 这决定来年花开的位置，十分重要。
  ▶参考103页
- ☐ 夏季修剪 …… 为了在秋天欣赏到花朵，要注意修剪的时期。
  ▶参考114页
- ☐ 病虫害防治 …… 发现病虫害后尽快治理。
  ▶参考117、118页

抵御高温、干旱的对策

如果在夏季月季过度干旱的话，会造成极度损伤。盆栽必须反复确认干旱情况。庭院种植，晴天持续1周以上时，浇一桶水即可。浇水要在早、晚进行。疏枝、摘除基部的叶，有助于植株对抗高温。

套两个花盆

准备一个比原来花盆大一圈的花盆，将其套在原来花盆外面。

↓

这样花盆就不会直接受到阳光照射，可以有效防止花盆内温度升高。

置于台上

左边是离地2cm的花台，右边是素烧的支脚，支脚3个为一组。

↓

花台或支脚是为防止地表热量直接传到花盆。花盆底部留出空间，通气性、排水性都会提高。脚架要等间隔放置。

窍门

盆栽的花频繁枯萎时，即使在酷夏也要换盆

保水性一天比一天差，早上刚浇了水，中午就开始蔫了的盆栽，难以度过夏天。由于夏天的蒸腾速率较快，原来的盆很快便无法满足植株的蒸腾需要，所以要换大一圈的盆移栽（参考135、136页）。酷夏并不是定植移栽的最佳时期，但如果保证根盘不散也是可行的。

避开午时强光

一天中的光照，午时是最严酷的。怕热的品种，移到半阴或避开强光照射的地方比较好。暂时架起遮阳竹帘，也有一定效果。遮光率在50%即可。

提示

预防台风的准备非常重要

担心台风影响时，庭院种植可固定肩高的植株或长的枝条。盆栽时，判断风向进行保护。台风一旦过去，要立刻进行黑斑病的预防消毒。在近海地区，盐害有可能会损伤叶子。台风后应立即冲洗植株全株。

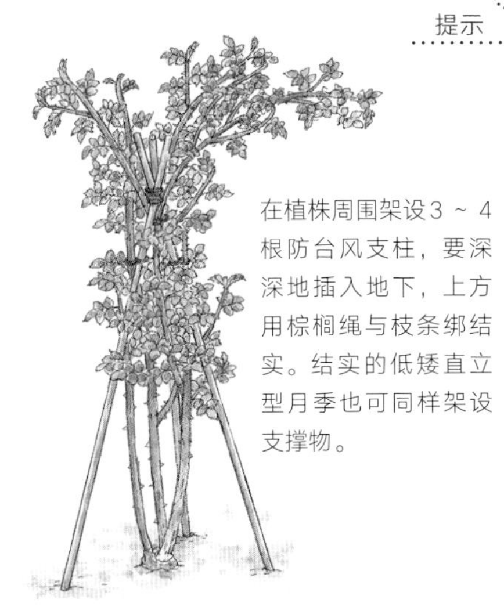

在植株周围架设3 ~ 4根防台风支柱，要深深地插入地下，上方用棕榈绳与枝条绑结实。结实的低矮直立型月季也可同样架设支撑物。

夏季修剪

四季开花或反复开花品种，虽然秋天也能欣赏到花，但在夏季开花后修剪掉残花，继续让其反复开花，秋天开出的花不会好看。秋天的月季花与春天的魅力不同，稍微凉爽一些后，要根据时机进行修剪，让其开出更多秋花。

从想要花朵绽放的时间往回推算

在日本关东地区以西的温暖地带种植时，10月中旬开花比较寻常。从秋季修剪开始到开花结束，有约2个月时间，如果目标是10月中旬开花，8月下旬到9月中旬是夏季修剪适期。但是，气温高时开花会快一些，即使是同一植株，枝条粗细不同开花时期也不同。可以到附近栽培有多年生月季的人家请教经验，或到附近公园咨询相关人员，作为参考，慢慢积累经验。

修剪长度要短，尽量留下叶子

修剪要在植株长出好芽后再进行，修剪还要考虑如何让各个枝条同时盛开花朵。冬天也可进行修剪，相对于休眠期实施的冬季修剪（参考146页），夏季是光合作用最重要的时期，所以夏季修剪要考虑光合作用。叶片尽可能保留，修剪长度尽可能短。日常进行的疏枝作业时，也要小心进行，保持通风良好的同时，也要保持每片叶都能充分晒到阳光，这样才能开出更好的花朵。

'戴高乐'（Charles de Gaulle），秋天开放的花朵呈现清冽的淡紫色，氛围浓烈。香气更为丰富。

窍门

秋季的月季花每一朵都惹人怜爱

比起春季的月季花，秋季开的花不论是在花朵数量上还是大小上都略逊一筹。但是，秋季光照稳定，气温凉爽，花朵会渐次开放，花色鲜艳浓烈，秋季花色可以说是品种真正的花色。花形整整齐齐，格调好，由于气温低，开花时间也长，花期是春季的2～3倍。春季的月季花优美，秋季的月季花余韵留长。

1 决定高度

杂交茶香月季中，从萌芽到花期花枝生长很长的品种居多，花期植株长得非常高。可以趁夏季修剪调整到想要的高度。

首先，疏除下面不要的枝条。然后，根据想要花开的高度，决定修剪位置。花枝的长度因品种不同而异，逐渐积累修剪经验。修剪时机非常重要。

先修剪出一支基准枝。从一茬花后伸长的枝条中，寻找饱满的芽，芽的方向要冲外（外芽），在其上方斜剪（参考147页）。外芽会伸展出向外的枝条，形成平衡性很好的株形。斜剪时注意要让雨水无法淋到芽上。植株中心部的枝条不要相互碰撞，修剪时要注意保持平衡。其他枝条要配合高度进行修剪。

2 整理枝条

枝条交叉时，留下长得健壮的一枝，修剪掉另一枝。

整理枝条，改善通风条件。之后，植株基部拥挤时，摘除叶片使其透气。

使植株变得清爽，保证枝叶光照充足。紧邻修剪口下方的叶基部侧芽会长成新枝并开花。

病虫害防治

因为酷夏的暑热，多数病菌、害虫活动会停止，病虫害势头会减弱。但这时期最容易发生红蜘蛛。这时容易大规模发生的害虫，一定要尽早发现。之后要留意黑斑病。

要提防夏季的酷热！

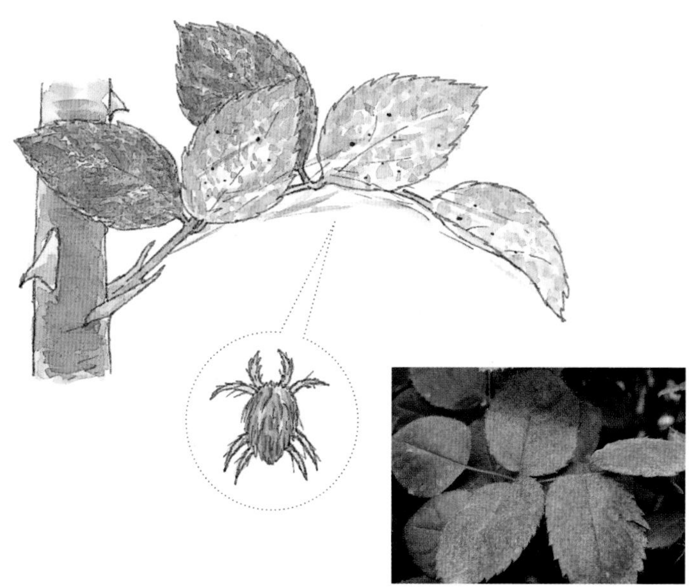

红蜘蛛

症状：叶片背面密集出现，寄生性昆虫，主要吸食树体汁液。被害植株叶会变白、脱落。如果处理不及时，红蜘蛛很快大规模繁殖，使全部叶片脱落。红蜘蛛喜欢高温干燥的状态，讨厌水，所以在干旱的盆栽中多发。不受雨和夜露影响的阳台栽培更容易发生。

预防：首先要培育健壮的植株。在阳台栽培的盆栽，尽可能使盆栽保持适当距离，放在光照良好的地方。平时定期对叶片背面冲水也很有效。

治理：早期虫害可用水将其冲洗掉，重点是冲洗叶背。将软管的口捏细或将喷雾器的喷孔弄粗喷水。白天叶片水滴会使叶局部温度上升，容易造成烧叶，傍晚水分残留容易诱发黑斑病，所以要在清晨冲洗。没有效果时，推荐使用黏着剂，一种由天然成分制作而成的杀虫剂，可以封住害虫的气门。

黏着剂：有效成分中有食物淀粉，是对环境友好的杀虫、杀螨剂。速效性好，稍微有臭味。可以加水稀释喷洒。

持续警惕月季的宿敌！

黑斑病

症状：叶片出现黑色斑点，并连片扩展，最终黄化落叶。从下面叶片蔓延到植株上部，不采取紧急处理会迅速蔓延。梅雨季末期的7月上旬要特别注意。高温期黑斑病不会频发，但9月气温降低就会再次活跃。

预防：水是病菌传播的媒介，从植株基部的老叶开始入侵，最好摘除老叶保持通风。盆栽雨天要移动到廊下。有降雨预报的前1d进行预防消毒更有效果。台风之后是多发期，要立即进行预防消毒。但是，夏季容易发生药害，所以要稀释之后再喷施。必须在无风的清晨或傍晚的凉爽时段进行。8月末要做好预防工作。

治理：将感染的叶片及上下相邻的叶片一起摘除，并及时处理掉。将对症的治疗药剂（参考170页）喷洒在感染植株及其周围植株上。症状没有好转时，可连续喷施3～4d，以根除黑斑病。

本书出现的农药等，可能由于农药登记变更而无法使用。
使用农药前，必须阅读农药使用说明书，掌握该农药针对的植物、病虫害、使用方法等，在此基础上正确使用。

10～12月的工作

欣赏秋天月季花朵或果实的季节。
和春天的月季花不同，秋天的月季花魅力无穷。
这个时期是大苗开始销售的时期，可以尝试定植大苗。
户外气温在5℃以下时月季会进入休眠期。
秋季时间短，留给作业的时间并不长。

☑检查清单（*Check Sheet*）

☐ 定植 …… 大苗的根系广，定植时要在盆底留出根伸长生长的空间。在施用底肥时，不要将盆苗根盘打散，要记得适量施用底肥。
▶参考120、122、123页

☐ 浇水 …… 要根据干旱情况浇水，浇水要充足。
▶参考76页“日常管理的4个心得”

☐ 疏枝 …… 整理一下内侧的枝条即可。
▶参考100页

☐ 修剪残花 …… 每天修剪残花可减少病害。
▶参考102页

☐ 中耕 …… 在花期结束后进行。
▶参考139、140页

☐ 抗寒对策 …… 盆栽要尽可能移动到光照良好的地方。寒冷地带，要尽快用稻草或席子进行保温。
▶参考129页

☐ 病虫害防治 …… 在临近休眠期，进行最后一次预防消毒。
▶参考170～173页

盆栽

大苗、盆苗的定植

大苗的根量多，容易充满整个花盆，为新根在盆底留出伸长生长的空间是很重要的。若7～8号盆不够大可使用深盆。壶状花盆不适合栽培，所以不推荐使用。

1 根周围的土

需要准备的东西

苗、花盆、土壤、底肥、移植铲、放置于花盆底孔的轻石（大粒）、修剪剪刀、竹制的细棒、活力剂、水桶、带斜喷嘴的喷壶或带花洒的软管

将大苗临时种植在花盆中，以免根部变干。根系一般被泥炭藓包裹，也有裸根苗。

将大苗从塑料盆中拔出，抖落根系周围的土，可以让根系周围的环境条件均一，轻微断根会长出新根。盆苗在11月前定植，种植时注意不要让根盘散开。

2 对大苗使用活力剂

大苗受损或过长的根要切掉重新整理。在盆苗休眠期定植时，将缠绕的根盘底部和肩部稍微打散比较好。

大苗可以使用活力剂提高成活率。稀释倍数和使用时间要遵守使用说明。这里参考使用83页的药剂。

窍门

长出叶子的大苗，定植时尽量不要使根部土壤掉落

大苗从10月到翌年3月可以定植。因为跨过秋、冬和早春，所以定植时期需要注意根系情况。冬季出售时一般没有叶子，但在初冬或末冬，由于气温较温暖，所以有些大苗会长出叶子。这样的苗要留意根系，不要伤到新长出的白根，定植时尽量不要使根周围的土壤掉落。

3 根系均匀展开，主干直立

轻石周围根系无法展开，如果不是土壤或花盆排水性不佳可不用轻石。要按规定在土壤中加入适量底肥，充分混匀，加到花盆一半位置。将植株放入花盆正中央。保证大苗根系朝向盆底且均匀展开。

将土填足，留出3cm的浇水空间。定植时要注意，保持中央枝条笔直向上。嫁接口要高于土壤表面。

4 根之间的空隙要填满土

加土时根之间容易留下空隙，用竹条或者细棒将其填满。另外，注意嫁接口不要埋入土中。因大苗或盆苗今后会越长越粗，嫁接口处的胶带会勒进树枝内，所以最好取下。

定植完成后，立即用细喷壶充分浇水，填充根系空隙的同时，提供土壤水分和氧气，防止土壤板结。

庭院种植

大苗、盆苗的定植

庭院土壤压太紧，通气性会变差，如果种植穴挖太浅，根系无法生长。虽然挖种植穴很累，但重体力劳动也只集中在这一时期，尽可能地将种植穴挖大挖深，使用有机质含量多、通气性良好的改良土壤定植。

1 挖好定植穴，混合土壤

需要准备的东西

苗、赤玉土（中粒）、腐叶土、堆肥、硅酸盐白土、底肥、活力剂、小铲子、带斜喷嘴的喷壶或带花洒的软管

在光照、通风良好的地块，挖直径50cm、深50cm的种植穴。按庭院土3：堆肥1：硅酸盐白土1：赤玉土3：腐叶土2的比例改土，底肥按规定量的一半添加混匀。堆肥和腐叶土必须完全发酵。将大苗从塑料盆中拔出，抖落土，根部喷混有活力剂的水，促进根系生长。

在穴中加入5～10L土，用铲子将其与底部的土和底肥混合。若排水性不好，要多加硅酸盐白土。将混合后土壤的70%填回穴中。

2 主干保持垂直向上

将植株主干直立于定植穴的中心根系均等展开。挖出土壤一半填回穴中，并用棒填满根系间。嫁接口要高于地面，并将剩下的土填入穴中。盆苗休眠期定植，可将根盘底部和肩部稍微打散。

3 踏实土壤

根周围的土要踏实。用喷壶充分浇水，为根系提供氧气和水分。之后最好再浇一次。要看到水完全渗入土壤。多余的水沿着地表形成小水流，最终渗透到植物周围的腐叶土中也挺好。庭院刚定植的植株容易枯萎，土表一旦干旱就要充分浇水。进入1月后土壤会冻结，所以要用稻草等覆盖。

Column 专栏 3

花坛月季的管理

直立型月季可以在修剪时调整株高及株形。枝条有横向展开的，有纵向伸展的，根据空间来花心思修剪株形也是栽培月季的乐趣之一。在花坛中种植月季较多时，植株间的距离不要死板地遵守操作手册，要看整体的平衡感，只要间距均等即可。

车库边设置宽60cm、长12m的带状花坛，大苗和盆苗混合种植10株。在这里基本选择四季开花的直立型或灌木型品种。一定要预估各植株枝条的伸展方向及长度等。遇到填土太多，浇水直接流走的情况，可加高花坛。

→

1月在坛边上叠加2层砖，垒高20cm的矮墙，花坛的渗水性和通气性都会提高。植株基乎都会顺利发芽，开始伸展。盆苗长出的叶子相对较多。

↙

定植之后的5个月，即5～9月，形成了以白花为中心的精致华丽花坛。所有植物花繁叶茂，给车库更添一抹温柔色彩。有的刚修剪掉残花，有的刚结出很多崭新的花蕾。

拱门搭配长藤苗

栽好苗后，从翌年春天开始就可以欣赏藤蔓月季的风情了，这是长藤苗的魅力所在。伸长至1m以上的枝条进入休眠期就可以牵引。为了让拱门顶部能快速盛开花朵，抽枝（参考66页）健康地伸展是很重要的。

1 准备种植穴，打散根盘

需要准备的东西

苗、赤玉土（中粒）、腐叶土、堆肥、硅酸盐白土、底肥、铲子、分株刀、棕榈绳和尼龙绳、带斜喷嘴的喷壶或带花洒的软管

在拱门外侧挖深、直径各50cm的种植穴，捡出碎石。按庭院土3：堆肥1：硅酸盐白土1：赤玉土3：腐叶土2的比例，并加入规定量一半的底肥，充分混合。在种植穴填入5 ~ 10L堆肥，用铲子将其与底土充分混合，将底肥加入再次混合，再将改良的土壤约70%填回。

根系纠缠的盆苗，将花盆侧倒，在盆壁上敲打，更容易拔出苗。生长发育期不要让根盘散开，休眠期，如照片所示根盘的底部和肩部散开，新根更易长开。用分株刀将其砍掉会更轻松些。

2 稍微离开拱门底部种植

为了让拱门侧面可以生长枝条，根盘要与拱门底部保持一段距离，在拱门旁斜着种植。带着支撑支柱作业比较容易。调整嫁接口至露出地面的高度，将剩余的土填回种植穴中。

定植完成后，为了让根盘和土壤接触紧密，要用脚踏实土壤，整平土表。

3 从最粗最长的枝条开始牵引

小心将支柱取下。摘除下部所有叶片，枝条顶端剪短，直到铅笔粗细的地方。

→

从最粗最长的枝条开始牵引。从下方开始，用棕榈绳牵引其笔直生长。笔直牵引是为了让枝条顶端伸展。系绳不可太紧，因为枝条还会长粗，稍微松一点会比较好。从长枝开始依次牵引。

↙

主枝上长出的侧枝，或及腰高度的长枝，稍微牵引翌年春天就会开出很多花。所有的枝条牵引完成后，用喷壶充分浇水。

Column 专栏 4

玄关拱门巧变花拱门

用香气好的四季开花品种布置拱门，每次通过拱门时都能欣赏到月季还能闻到花香。

12月

在大门通向玄关的3m处搭建拱门，最好设置2个。拱门的选择最重要的是要和建筑物协调。在这里，搭建高210cm、宽120cm、深42cm的简洁铁架拱门，两个拱门相隔1m。拱门两侧各栽培1株月季。4株中3株为灌木型品种。

↓

5月

因为定植的是长藤苗，翌年春天拱门两侧花朵开放时十分华丽。拱门左右都是四季开花的灌木品种。如'慷慨的园丁'（The Generous Gardener）。种植同一品种，能搭建出色彩协调的美丽拱门。为通过拱门时可以零距离接触花朵，所以要选择少刺品种。

抗寒对策

刚刚定植的苗，或在冬季定植的苗，根系没有完全张开，所以必须做好防寒措施，可以铺防霜草席等。耐寒性差的品种，用专业防护物也有效。

盆栽

用完全发酵的腐叶土进行堆肥，浇水后，在植株基部充分覆盖。秋季种植的大苗和盆苗在12月换盆、换土，冬季种植的在定植时换盆、换土，春夏种植的在1～2月换盆、换土。

为使根系不受冬季干旱和寒冷影响，要将嫁接处也覆盖，用手轻轻压实，放在光照充足的地方。春季嫁接处伸出土壤表面。触摸腐叶土判断水分情况，冬天每5～7d浇1次水。

准备完全腐熟的腐叶土或堆肥。秋季定植的大苗或盆苗，浇水后在植株基部充分覆盖保护物至嫁接处以上。冬季定植后的苗要浇水，然后用同样的方法覆盖保护。无论何时定植，春季后，都要将嫁接处露出土壤表面。腐叶土和堆肥放置不管也会被微生物慢慢分解掉，所以植株基部被埋在其中太长时间也不好。腐叶土和堆肥的使命完成后，将它们在地面铺成薄薄一层。

窍门

寒冷地带防寒保护物要全方位覆盖

在寒冷地带，初霜降临前进行防寒保护。围着苗支3根支柱，将支柱顶端绑在一起，做成骨架。在其上覆盖稻草、草席或椰壳棕垫、园艺用无纺布、毛布等，用棕榈绳绑结实。

Column 5
专 栏

月季是非常结实的植物

“大苗枯萎了！”去年初春，一位顾客抱着一棵‘夏日之歌’（Summer Song）的大苗冲到店里。一个枝条已经完全枯萎，另一枝条伸出的芽已经蔫了，处于即将死亡的状态。于是顾客决定先放在店里观察。

地上部分枯萎状态初步猜测可能是因为根系不能吸收水分。于是我们浇了干净的水后，将这棵大苗连盆一起套进塑料袋中保湿，放在无加温设施的温室中观察了1个月左右。最后总算长出新根了，芽也随之复活了。

所谓“枯萎”，反过来想更像是月季求救的信号。所以，在发现植株开始枯萎时，就是它需要帮助的时候。

‘夏日之歌’开着艳丽的深橘色花朵，是香味很受欢迎的英国月季品系

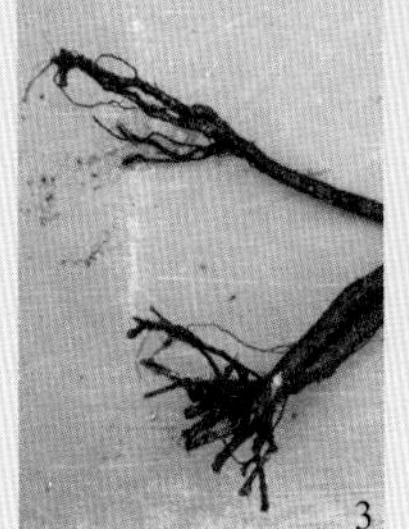

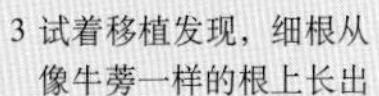

1 花盆外套塑料袋，可保证盆内的湿度
2 嫩芽复元的大苗
3 试着移植发现，细根从像牛蒡一样的根上长出

平时就要好好观察植株，稍微出现枯萎状况就能立刻发现。如果感觉植株好像不太健康，可以使用活力剂。如果这样处理最后还是枯萎了，不妨找专业人士解决。有人说月季的寿命有100年左右。不管怎样，月季不是那些遇到不适合的环境就枯萎的娇气花草。虽然月季常常被误认为是一种需要花费大量精力照顾的柔弱植物。但尝试种植后，就会发现月季是一种让你的精心照管有所回报的植物。

Column 专栏 6

赏秋果，制果茶

原种系月季，有单瓣、半重瓣，生长发育旺盛，结实容易，在秋季可结出美丽的果实，其中代表品种是狗蔷薇（*Rosa Canina*），推荐选择。下面简单介绍几种月季果的应用方法。

装饰房间或制作花环

无数个小粒的红色月季果实簇生的样子非常惹人怜爱。簇生品种的果实像铃铛一样，如果将它们分散摘下十分可惜，所以可以整枝剪下装饰房间。不必插入水中，可以直接用于装饰，也可以用于制作圣诞节的花环装饰。除了生长力旺盛的原始品系藤蔓月季外，'芭蕾舞女'（Ballerina）、'雪雁'（Snow Goose）、'莫扎特'（Mozart）等易于栽培的灌木月季品种，也能结出美丽的果实。

'弗朗西斯E·莱斯特'（Francis E. Leste）是春天结束时开花的单瓣簇生藤蔓型月季。秋季果实十分可爱。

制作果茶

月季果实除了红色外还有橘色，形状上除了球形还有椭圆形、扁平的番茄形，等等。有直径在2～3mm的小粒果实，也有2～3cm的大粒果实。不论哪一种都富含维生素C和钙，可以在疲惫或烦躁时，品一杯月季果茶舒缓心情。因为需要将果实切开去除里面的种子和果肉，所以推荐使用大粒。

古代月季品种‘约克白蔷薇’（Alba Maxima）的果实。果实变红的过程非常漂亮。

做法

❶除去果实表面灰尘，小心洗净，风干。

❷切开果实，将果肉和种子去除，只留下表皮。

❸将表皮放在通风良好的地方干燥，放入密封容器保存。

❹用茶匙取少量干果茶装入茶袋，将茶袋放入温茶壶，注入热水，放置2～3min，倒入茶杯。因为有酸味，可以根据喜好加入蜂蜜和砂糖，调节口感。月季果茶味道偏浓，加入冰块做成冰茶味道会更好。

1～3月的工作

休眠期会落叶，根系活动下降。
移植或加入底肥时稍微伤到一些根也没关系。
不要忘记休眠期也需要浇水。2月开始萌芽活动。
即使冬天的工作排得满满的，也一定要确保全部完成。

☑检查清单（*Check Sheet*）

- ☐ 定植 …… 用品质优良的月季专用土栽培。
  ▶参考120、122、123页
- ☐ 施底肥 …… 土壤与有机质混合。
  ▶参考139、140页
- ☐ 浇水 …… 冻土开始解冻，白天要充分浇水。
  ▶参考76页“日常管理的4个心得”
- ☐ 换盆（换土）…… 大盆换土为防止伤到根系可以只换一部分。
  ▶参考135、136页
- ☐ 移植 …… 避开极寒期，在早春进行。
  ▶参考142、143页
- ☐ 冬季修剪、牵引 …… 到2月底工作要基本结束。
  ▶修剪及牵引见146～160页
- ☐ 中耕、翻土 …… 这是对翌年月季开花影响最重要的工作，要小心地大范围耕作。
  ▶参考139、141页
- ☐ 病虫害防治 …… 冬季，尤其是暖冬容易爆发病虫害。不要忘记进行病虫害防治工作。
  ▶参考170～173页

增盆、换盆（换土）

为了让盆栽月季稳健生长，尽可能每年换一次土重新栽培，给新根留出足够的生长空间。2月中旬芽就开始萌动了，在此前尽早换盆。

1 打散根盘

需要准备的东西

盆栽的植株、花盆、土壤、底肥、移栽铲、必要的轻石（大粒）、分株刀、修剪刀、竹条等细棒、活力剂、水桶、带斜喷嘴的喷壶或带花洒的软管

若想要植株长更大就准备比现在花盆大两圈的花盆，否则，准备相同尺寸的花盆即可。

移植和修剪同时进行。图中是修剪过的植株。将根盘从花盆拔出，根盘缠绕是移植必要的状态。根盘表面细小的根由于要吸收水分而聚集在一起。

从根盘肩部开始打散根盘。基本没有根会扩张到根盘肩部附近，用分株刀将土切掉。

从根盘侧面，用分株刀纵向浅切。这样，老旧土层就会脱落。根盘底部稍微切一下，用手打散。

之后，小心地用棒将根盘凸起部分打散，将旧土层拨落。如果每年移植，打散会很容易，但如果1 ~ 2年没有换盆，土会很牢固，打散需要费些力气。

根盘打散到如图所示的程度。

2 将老旧土层去掉

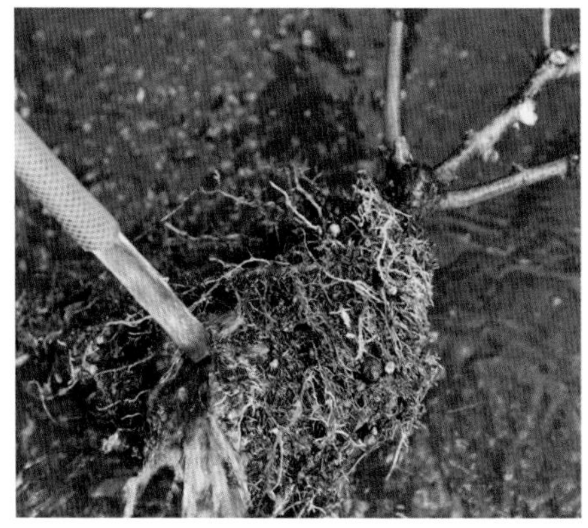

用橡胶管浇根盘，冲掉老旧土层。

将根浸泡的水桶里，可上下来回抖动植株将土冲掉。这时，可以添加活力剂。注意按照规定稀释后再使用。

洗过一次后，由于土层掉落，很容易看到根系。要切除受到损伤的根和过长的根，将根系修剪成草莓形状。

3 种植要保证主干朝上

事先将适量的底肥充分混合进土壤，将混合好的土壤加到花盆一半的位置，将植株主干朝上置于花盆中心。用细棒将土壤填满根系间隙，再在边缘填土压实。

植株嫁接口要高于土壤表面。留出3cm的浇水空间。

定植完成后，充分浇水。第一次浇的水被土壤吸收后，再浇一次水。

施底肥、中耕

在庭院种植月季。底肥是为了促进一茬花和之后根系及枝条生长发育用的，离植株基部50cm处埋入底肥。植株基部周围的土壤要稍微踩实，由于渗水性和通气性会变差，所以同时需要中耕改善（参考87、88页）。

1 挖施肥穴

在距植株50cm处，将外侧变硬的土挖起，多少会切掉一些根，但这会刺激植株发出新根。内侧的根系生长密集，如果切断太多会引起干旱，所以要避免这一情况发生。在距基部适当位置等距离挖数个施肥穴。

挖出的土堆上倒上腐叶土，使用堆肥也可以。将庭院土与腐叶土或堆肥等有机质混合，混有有机质的土壤会缓慢释放养分。

2 将底肥铲入穴中

将挖出的庭院土和腐叶土用铲子迅速混合，同时将底肥加入穴中。铲松土壤后，不要再踏实，操作时要从里向外一边后退一边进行。

挖施肥穴施入底肥。底肥用月季专用肥，使用含磷酸和钾肥的肥料。不同肥料品种使用量也不同，要遵守肥料袋上的指示。如果施肥过量会对植株造成不利影响。

翻土

这是改良庭院和花坛土壤的工作，每1～2年进行一次，在面积大的地方可以分为几块，一点点进行。种植月季，进行翻土作业能让月季的生长焕然一新。

1 全体掺入腐叶土和肥料

种植月季时，在庭院中避开植株基部半径50cm的范围，堆数个腐叶土等有机质材料的肥堆，之后将其铺平。

然后将缓效性肥料、颗粒石灰、赤玉土均等混入庭院土中。其中缓效性肥料也可使用堆肥。

2 充分混合

用铁锹挖掘翻土。用脚踩着铁锹边，将身体的重力压在上面，可将铁锹深深插入土中。反复进行此操作，将含有腐叶土和肥料的土壤全部翻一遍。

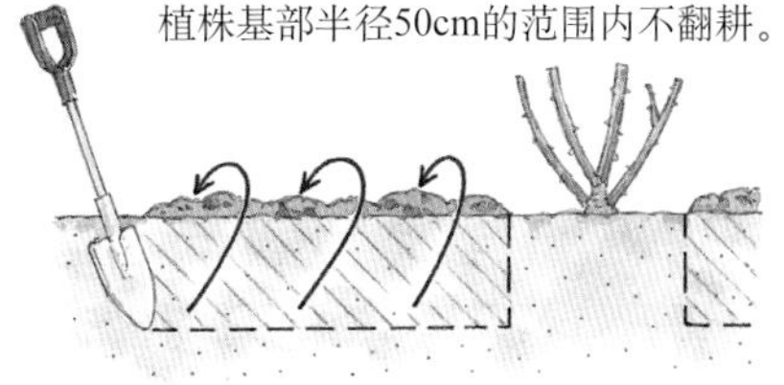

将等同铁锹刃长度（25～30cm）厚的庭院土翻出，混入腐叶土等有机质。

移植

庭院种植的月季可移植到其他地方。月季根系生命力强，新陈代谢旺盛，所以即使是大植株也可移植。但根系被切断会影响水分吸收，在移植前的冬季修剪时，要将枝条剪短，减轻翌年春季移植带来的负担。为了让根系更好适应，可在不那么寒冷的3月初进行移植。

1 挖移植穴，改良土壤

需要准备的东西

赤玉土（中粒）、腐叶土、堆肥、硅酸盐白土、底肥、活力剂、水桶、铲子

要提前挖好移植穴，穴的大小为深50cm、直径1m。改良土壤的材料比例，大苗和盆苗定植一样（参考122、123页）。庭院土为沙质土壤时，可适当减少庭院土的比例，增加腐叶土和赤玉土。

庭院土和有机质等土壤改良材料约占7成，配合底肥在移植穴中用铲子混合。要将底肥充分混合均匀，以防烧苗。

2 从植株基部半径50cm外侧开始挖

若移植10年生以上的直立型月季‘伊丽莎白女王’（Queen Elizabeth），在挖出前进行修剪（参考146页）。为了防止水分蒸发造成的干旱或枯萎，需要在粗枝的切口处涂抹愈合剂。

从植株基部半径50cm处开始挖。尽可能深挖，以多带些根上来。挖出的植株，要认真检查是否有根系类疾病，如根癌病等（参考170页）。

3 决定种植朝向

挖出的植株种植时尽可能让其根系均匀分布，放置于准备好的穴中。植株朝向要考虑开花时不会被周围的墙壁挤压。嫁接口调整到高于地面位置，然后将剩余的土壤填回穴中。

定植完成。在植株周围轻轻踏实土壤。移植的是直立型品种，树势比较强劲，定植后，可以将老枝再稍微修剪整理一下。今后若有新枝抽出，可将老枝剪去，以新枝替换。

用桶盛水，混入适量的活力剂，连带植株周围范围较广的地方浇上。等水渗入后，将植株周围的土壤弄平整。

4月

12月移植后，可以设置花栏，用白色油漆涂染成后屏。这时使用根系促生剂，可以使根系尽快生长。

移植后5个月的‘伊丽莎白女王，花枝伸展，明亮的中型粉色花朵绽放。具光泽的叶子生长茂盛，株形优美。将残花摘除、回剪，直到晚秋都会不断开花。

5月

直立型、灌木型月季的冬季修剪

2月中旬，芽开始萌动，要尽可能早一些完成修剪作业。为了绽放更多的花朵，修剪需要注意以下几点。

对月季植株的高度和株形有一个整体印象

冬季修剪是为了打造翌年株形进行的作业。首先要确定植株如何开花。从萌芽到开花，花枝要伸长到什么地方，枝条伸展方式是横张型还是直立型，要记住月季的品种特征，谨慎选择剪切的位置。最开始先修剪出一个大概的样子，如果想花朵开得低一些就要修剪多一些，如果想要花朵开得高一些就修剪少一些。和夏季修剪不同，休眠期水分输送变少，不用担心修剪过多对植株造成伤害。修剪是需要经验的，经验越多修剪越顺手，所以要大胆尝试。

灌木型英国月季‘权杖之岛’（Scepter'd Isle）。枝细、拥挤。能长很高，若要维持现状，要根据花盆来修剪。若留下细枝，很难产生强劲的分枝。

去除不要的枝条，修剪新枝

为了消灭越冬病虫，要摘掉所有叶子。而且内侧的枯枝、细弱枝条都要齐根疏除。但是，这个工作仅限用于定植2年以上的植株，或枝条拥挤的植株。刚刚定植的植株或者枝条数量稀少的幼苗，细枝要承担光合作用的工作，所以只疏除枯枝。接下来的修剪工作重点在于，将前一年伸长的新枝剪除，这样枝条花朵数量会增加。下决心剪短时，必须确定新枝剪切位置。3年以上的木质化老枝，因为老化，养分流动性差，即使修剪了也不会长出新芽。

像铅笔一样细弱的枝条，会妨碍光照、通风，所以要齐根剪掉，防止养分被浪费。如果有数个分枝，要留下最健壮的枝条。

窍门

庭院种植直立型月季，要修剪出株形

从经常眺望庭院的地方看月季植株，找出伸展最优美的枝条并在修剪时留下这些枝条，这是庭院月季修剪的诀窍。主要枝条确定后，选留出它的枝条，其余的剪掉。这样，就能得到可以自然融入你庭院风景的株形了。直立型月季不必拘泥于枝叶繁茂。

根据芽的方向确定修剪方向

离新枝的剪切口最近的芽，翌年春天会伸展成枝，顶端会开花。观察芽的方向，可以判断新枝伸展的方向，想象伸展后的样子。按照自己想象的株形，判断修剪芽的位置。在确定留下的芽上方，和芽的朝向平行，斜剪。没有损伤并且还未伸展的饱满芽可以开出更好的花。根据株高和芽的朝向选择最好的芽。如果在朝向外侧的芽（外芽）上方剪切，枝条就会向植株的外侧伸展，株形较为平衡。植株中心部的枝条之间不可拥挤，以这个为基础选择适合的芽。

选择没有膨大太过的芽，在芽上方5mm处的位置斜剪。这样，雨水很难沾到芽上，芽上方的枝条留得过长也不会好看。

疏除拥挤的枝条不要觉得可惜

除了修剪外，疏枝也很重要。许多人舍不得修剪拧在一起的粗枝，留下很多枝条，但这对月季植株而言并不好。留下的枝条过多营养就会分散，花变得瘦弱，可能出现无法开花的枝条。另外，枝条拥挤、叶子茂密，植株内部容易闷热，使病虫害早发、易发，造成不良影响。减少枝条，营养输送就会集中，植株也能很好地接收光照，有利于开花。冬季修剪时，疏枝可能会让枝条看起来少，但不少枝条可以长出很多芽，开出非常好看的花。

左图为修剪后挺拔的‘权杖之岛’(Scepter'd Isle)。如果扩盆，植株还会再长高。
右图为修剪换盆后第二年，长势均衡，可以长出很多花蕾。

杂交茶香月季的冬季修剪

杂交茶香品种或丰花品种（Floribunda）等现代直立型月季，根据设想调整花枝的长度和高度。盆栽根据喜好调整高度，庭院种植要考虑到与周围植物的搭配决定高度。

品种

'新娘之梦'（Marchenkonigin）

杂交茶香品种　直立型

1

认真观察植株的花枝长度和伸展方向，想象一下春季开花时的高度和株形。这个品种的花枝长度在30cm左右，枝条伸展方向是直立向上。

2

根据剪切后伸展的长度，在植株顶端轻轻修剪。剪去一些枝条，疏枝会更容易。摘掉叶子。

3

判断出重叠的枝条或疯长的枝条。这个植株左侧的枝条长势非常强，所以修剪时要保持左右协调。

4

剪掉向内侧生长的枝条及枯枝。修剪到一定程度后，再整体观察。如果重合部分太多，可以疏掉细枝或老枝。

5

确认芽的方向，从设想的开花高度及花枝长度调整植株。将花枝修剪到1/2的长度为宜。在没有芽的地方修剪会导致枝条枯萎，所以必须在芽上方修剪。

6

修剪完成。盆栽直立型月季，株高以花盆高度的1/2为宜。春季新枝会再次伸展。

微型月季的冬季修剪

嫁接的月季冬季修剪方法和直立型月季一样。株高要调整到20 ~ 60cm，按设想的开花株形、高度进行修剪。如果想要茂盛一些，可以将树高控制得稍矮一些。

品种

'绿冰'（Green Ice）

微型月季　直立型

1

仔细观察植株。枝条伸展呈横张型。分枝、细枝多而拥挤。嫁接口用胶带缠好。

2

按照设想的高度进行修剪。本次修剪呈低矮状，适合茂密型爱好者。选出3根分枝做主干，在位置较低的芽上方剪切。整体高度为花盆高度的1/2为宜。

3

配合主干的高度，将植株全体大致剪短。这样枝条数减少疏枝也会很容易。叶子也要摘掉。

4

可以清晰地看出植株形态，内部的枯枝或细枝要疏除到能接受光照的程度，将向内侧生长的枝条也剪掉。

5

芽生长时，所有枝条互不拥挤，呈现放射状扩展，在留下枝条的外芽上方斜切。枝条顶端出现分枝也没事，拥挤的地方剪掉即可。

6

修剪完成。如果修剪得太过，开花就没有空间了，这点需要注意。株高宜为花盆高度的1/2。开花时，地上部高度可能是花盆的1～1.5倍。

英国月季的冬季修剪

英国月季多为容易分枝的品种，枝条数不要留得过多是重点。疏枝时要注意枝条间留出足够的间隔。庭院种植要根据修剪植株与周围植物的协调度来决定修剪高度。

品种

'银禧庆典'

英国月季　灌木型

1

观察植株，基部分枝较多，顶端细枝拥挤。枝条有记忆性，从剪切的地方到枝条顶端再次按原轨迹生长，能够判断出个大概。

2

修剪掉枯枝、细枝后的状态。离地面近的枝条容易染病，要从植株基部修剪。交叉的枝条，若枝条间距离过近，剪掉弱枝，留出空间。

3

将枝条修剪到想要花开的高度。观察芽的方向，在芽上方剪切。周围没有其他植物时，植株低一些景观更美。为了防止养分分散，主干的侧枝要剪除。

4

修剪完成。疏除枝条，株高回剪到之前的1/2。

6月初，大花型的‘银禧庆典’艳丽盛开。荆芥（Nepeta）为景色增添色彩 。

藤蔓型月季的冬季修剪

藤蔓型月季前一年伸长的分枝可以在下一年成为主干，并分出很多开花枝条。老枝很难再抽出新枝，所以要更新，植株才会恢复活力。修剪和诱导藤蔓成型的作业，到2月末一定要完成。

按照设想修剪

对藤蔓型月季在庭院中的最终模样要有个印象。栅栏或花架，拱门、墙壁等可以攀爬的空间都可以应用，要调整修剪留下枝条的长度和密度。将径直生长的新分枝上不必要的叶片摘除。疏枝时，留下健壮饱满的枝条。这些枝条是前一年春天到夏天伸展出的新枝，到冬季都在进行光合作用，非常坚硬。饱满的枝条在冬季也不会枯萎，春天可以开出很多花朵。

微型藤蔓月季“安云野”攀爬在架子上，沿着木架的边缘在庭院最深处织成美丽的风景。

主要修剪前一年长出的没用枝条

枯枝或短小细弱的枝条要齐根剪除。此外，前一年10月之后伸展的分枝，还很柔软，水分也多，尚未成熟，在冬季会枯萎，所以需要剪除。主枝上伸出的粗侧枝可能成为负担，也要齐根剪除。老枝从中间长出新分枝时，要从分枝开始处剪掉。如果为了整体平衡而留下老枝，前一年开花的枝会在第二年再次开花，所以修剪时要留下1 ~ 2个芽。

老枝中间长出的新分枝伸长了近2m。养分会集中供给新枝，所以从分枝处将老枝剪掉。疏除老枝时，要像照片中一样，先确认中间有没有新分枝。

窍门

四季开花的灌木型月季，切断后会继续生长

英国月季等四季开花的灌木型月季可用于拱门装饰，到晚秋都会陆续开花，但是无法像藤蔓型月季一样不断更新分枝，在开花后要将残花摘除，促进花枝伸展。要让主干尽早伸展，第一年不要让其开花，要专注于生长枝条。

将枝条顶端修剪到铅笔粗细

藤蔓型月季，像铅笔粗细的花枝更容易开花，比这细的枝条顶芽，一般只伸展不开花。所以为了让顶端开出美丽的花朵，一定要将枝条修剪到铅笔粗细。但是，原种或古代月季的藤蔓型品种，牙签粗细的枝也能开花。这样的品种，前一年伸长直径在1cm以下的细枝都修剪掉，叶子会很茂盛。不同品种的枝条伸长方法或开花特征都要慢慢牢记。

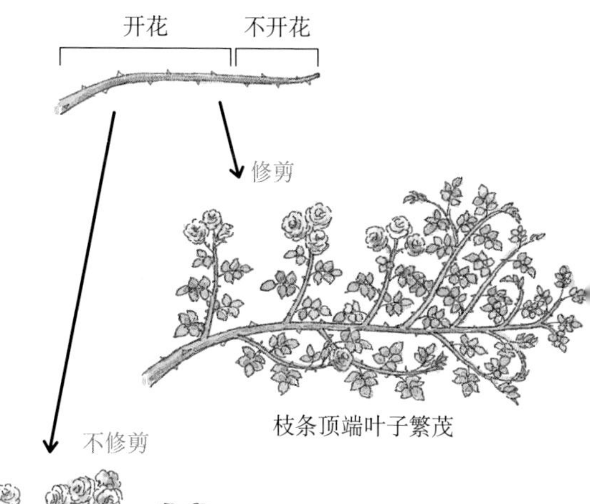

主要修剪强枝，特意留下弱枝

粗直的枝条生长势很强，不管怎么牵引都容易偏离牵引方向。所以要齐根剪除，或是修剪短一些等待长出细枝。粗枝用锯或专门切粗枝的工具切掉，切口涂抹愈合剂。另外，藤蔓型月季植株基部容易显得稀疏，可将一定长度的细枝留在较低位置。牵引时，枝条顶端水平弯曲，植株全体都可开花。

在较低位置长出的细枝，如果达到一定长度，可根据植株整体平衡选留。牵引植株枝条顶端水平弯曲，容易开出更多的花。

藤蔓型月季的牵引

可以用藤蔓型月季在庭院中设自己喜爱的景观，这是栽培月季的乐趣之一。在设想的花开位置牵引美丽的枝条。注意不要伤害到芽，在2月中旬完成该作业。

让枝条自然弯曲生长

牵引的原则是，将前一年伸长的饱满枝条水平放倒，打破顶端优势（参考65页）。这样养分分布较均匀，长出更多花枝。尽可能水平牵引枝条，并保持枝条间平行，可均匀开花。虽然这样说，但牵引也要符合不同品种月季的特性，找到最能体现其美的方式。牵引出枝条最自然弯曲的状态是最好的。

在拱门的侧面按主枝的自然形态进行牵引，牵引其到想要开花的位置。不必特地将枝条弄成S形。

枝条紧贴

不论怎样搭配，成为主枝的最长枝条从下方开始牵引。拱门或尖头花架等都要给枝条留一些空间，然后尽可能贴近支持物，从侧面看要平整，才会好看。用胶带牵引比较细的枝条比较重要。牵引粗枝时，胶带有可能会勒进枝条中，所以使用棕榈绳或麻绳比较好。无论哪一种，一旦叶子茂盛了系绳都会被隐藏。进入2月后，枝条会吸收水分，多少会变得易于弯折，注意不要给枝条增加不必要的负担。

枝条间留出足够的空间

牵引时枝条叶片已脱落，但这之后伸展的芽和枝条都需要充足的阳光，所以要发动想象力。如果牵引过密，枝叶之间相互遮挡，会发生花芽无法生长的情况。所以枝条间留出足够的空间非常重要。第一年要观察每根枝条的花枝数量、花枝的伸展程度等。有了这样的印象后，以后的牵引就变得有趣多了。

牵引作业中梯子是必备品。拱门上方枝条要贴着拱门曲线弯曲，要小心牵引。操作时发现拥挤的地方，可以进行疏枝调整。

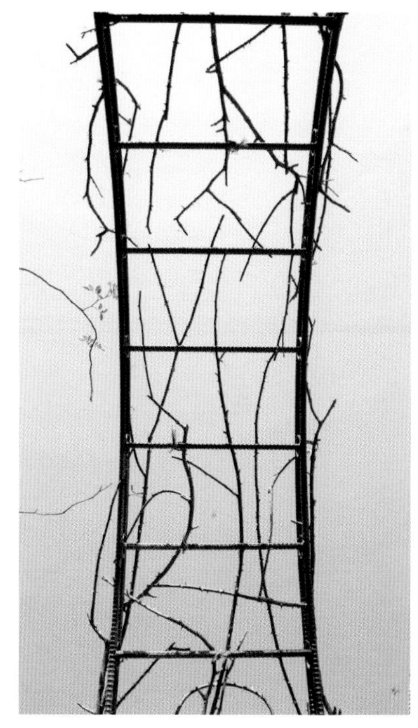

可以从下方看到拱门顶部的枝条间隔，牵引时要保证全部的枝条都能很好地照到阳光，这是植株能正常生长发育的关键。

窍门

牵引绳打结方法

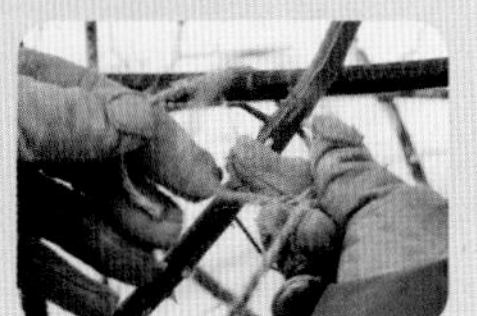
用绳子将铁架和枝条缠绕一周，做成环形。

换一只手握住绳环的一部分。

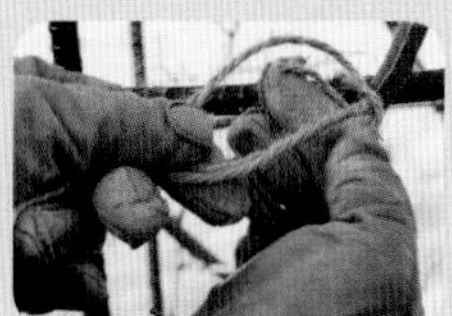
将绳子一头从下方穿过绳环。

将枝条压在铁架上的同时拉近绳子顶端。

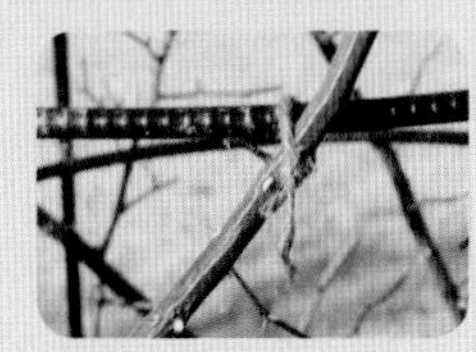
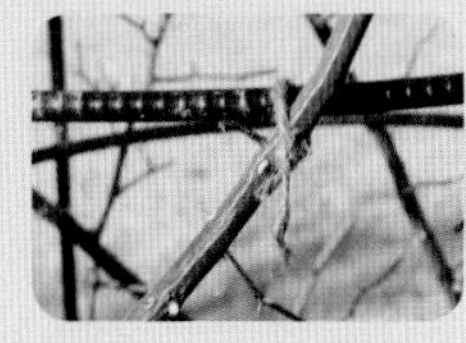
将枝条固定。

新老枝条搭配

原则上应避免枝条交叉，当然小部分枝条交叉也没有问题。叶片展开时，下方枝条的芽如果因遮挡无法采光，则无法开花。当然也有例外，比如将老枝与新枝重合牵引。藤蔓型月季前一年新伸长的枝条容易开花，木质化的老枝很难开花，所以将新枝与老枝重合，这样可以调整花朵分布的均匀性，残留的老枝上也能开花。

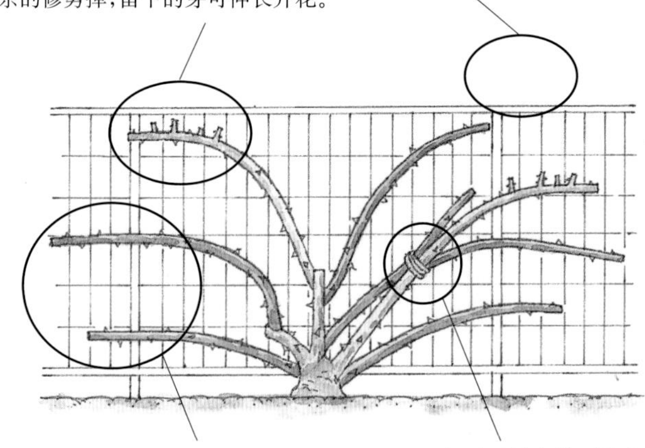

Skills to Show the Charm of Climbing Roses

展现藤蔓型月季魅力的技巧

即使种植的是藤蔓型月季的同一品种，在不同人家看到的景色也不同，这是种植月季最有意思的地方。下面根据不同用途分别介绍。

浪漫的月季拱门

Before

Good idea!

拱门不仅可架设在入口或通道上，也可当作屏风，显得更为立体。在高50cm的花坛上设置拱门，通过时看到的开花高度正好。窄型拱门用杏色或白色更显时尚。

（杏色）'卢宾'（Looping）、（白色）藤蔓型 '夏雪'（Summer Snow）

After

'粉龙沙宝石'(Pierre de Ronsard)

Before

After

Good idea!

入口处用花草点缀，设置成让人想进入拱门的样式，增加深邃感。用温和的黄绿色叶装饰，更显空间宏大。'粉龙沙宝石'(Pierre de Ronsard)能营造出甜美温柔的浪漫氛围。

用隔板围栏打造美丽一角

Good idea!

用月季巧妙遮挡空调室外机。在室外机身50cm处架起支架，让藤蔓型月季盘绕其上，整体感觉会非常好。如果是在和室前可以用竹竿作为支架，金属制或木制支架更适合西式建筑。要留出通风道，下方不要堵上。

Before

After

（粉色）'芽衣'、（红色）'萨拉邦舞'（Sarabande）

After

'撒哈拉98'（Sahara 98）

Before

Good idea!

在庭院，优雅地从半腰高度欣赏月季花朵十分有趣。长椅周围可以成为绝美的景点。选好角度，在长椅周围搭起围栏，牵引枝条，每次弯腰都能闻到花香，十分沁人心脾。

为隔墙增添一抹温柔

‘新日出’（New Dawn）

After

Before

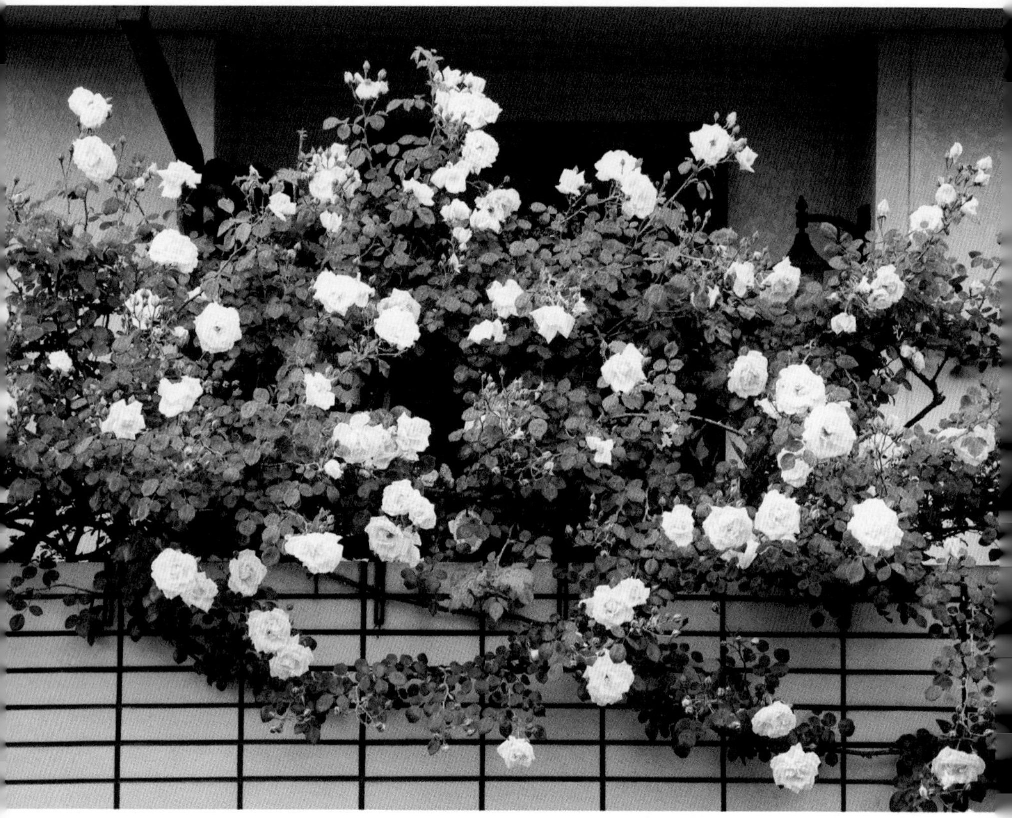

Good idea!

使用金属或铁丝架设隔栏，牵引藤蔓型月季，既可以起到遮挡作用，也可以为瓷砖隔墙添加温和的气息。‘新日出’（New Dawn）倾泻而下的样式非常漂亮。因为墙内侧背光，尽可能种植枝条伸展性强的品种。

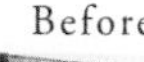

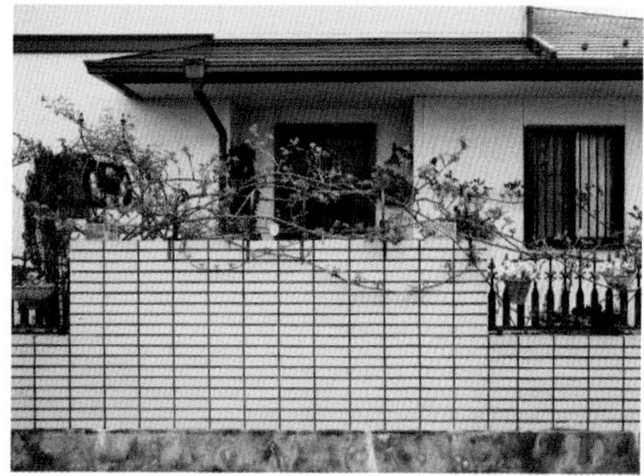

Before

After（从内侧看）

Good idea!

隔墙上装饰的铁架需要特别定制才可以牵引。不要太过遮盖装饰，用少量枝条装点会显得高雅一些。从隔墙内侧让其向下开出大量花朵。使用‘粉龙沙宝石’(Pierre de Ronsard) 和‘葵’(Aoi) 两个品种，打造出可爱的样式。

(淡粉色)‘粉龙沙宝石’(Pierre de Ronsard)
(浓粉色)‘葵’(Aoi)

After（从外侧看）

巧用围栏让墙壁花团锦簇

（紫色）'蓝蔓'（Veilcbenblan）、（黄色）'格拉汉·托马斯'（Graham Thomas）

Before

Good idea!

如果不想在家中的墙壁上钉钉子，可以特别定做符合窗户的围栏。美观的围栏，即使枝条很少也能打造出完美的景色。像椅子一样独立的造型，不需要什么复杂的基础就能很快建立起来。设置在离墙壁20cm处通风也不错。选择不需要消毒、健壮的品种即可。有屋檐的话就不会淋雨，不容易出现黑斑病。

After

Main Diseases and Pests Control

主要病虫害防治

栽培月季会感染病虫害。月季长到一定程度，经过几次落叶和再长出新叶后，就会成为成熟的植株，具有一定抗病及抗逆能力。但刚定植的苗和幼株还需要一定保护。

你需要知道的知识

首次栽培月季，可以使用预防性药剂培养出健壮植株，但要对月季本身的抗性等特点进行充分了解。培育新苗时，一至二年生苗要认真做好虫害防治工作。致力于无农药栽培的话，要先培养出健壮的成株，再慢慢减少农药，最终实现无农药栽培。由于气候变化等许多原因，有时病虫害会加重，所以每天要适当照看。发现病虫害后要及早应对。下面介绍能给月季造成伤害的主要病虫害和相应的防治药剂。

主要病害

黑斑病

叶片上出现黑色病斑并不断扩大，最后整片叶子黄化脱落。水是病原体的传播媒介。如果放置不管最后会导致所有叶片都脱落。最重要的是早发现，早防治（参考106、118页）。

多发时期/开花结束后、多雨时期
检查部位/植株基部的老叶
预防杀菌剂/胺磺铜、百菌清、邻苯二甲酸等
治疗杀菌剂/腈菌唑、甲基硫菌灵等
※容易使病菌产生耐药性，一旦病害被治愈就要停止使用，改用预防性药剂。

根癌病

土壤中潜伏的病原细菌从根的伤口处侵入导致发病。会让植株看起来像枯萎了一般，但根的一部分上有凹凸不平的脓包膨胀，因这些脓包会持续夺走植株的营养物质，植株整体会变得没有活力。

多发时期/高温多湿时期
检查部位/嫁接处和植株基部（购买时也需要检查）
预防杀菌剂/栽苗前用0.1%～0.2%的农用链霉素浸泡10min

灰霉病

花的霉菌性病变。开花期持续下雨更容易发病。开花前要进行预防消毒。要及时剪除发病部分，处理掉落地面的花瓣。雨季多发时期要尽早将花摘掉。

多发时期/开花期
检查部位/花蕾、花
预防杀菌剂/胺磺铜、乙二醇水和剂等
治疗杀菌剂/百菌清等

白粉病

新芽、幼叶、花蕾、花萼、花头等出现可以吹掉的粉末，其实是白色的霉菌寄生导致的。随着感染加剧，虽然不会落叶，但是会严重影响植株生长发育。参考106页。

多发时期/花蕾开始着色时，气温在17 ~ 25℃

检查部位/花头和新叶

预防杀菌剂/百菌清、胺磺铜、邻苯二甲酸等

治疗杀菌剂/氟菌唑、甲基硫菌灵

※容易使病菌产生耐药性，一旦病害被治愈就要停止使用，改用预防药剂。

嗪氨灵（左）

氟菌唑混剂（右）

两种皆是必备的治疗性药剂。左侧药剂针对黑斑病和白粉病。右侧药剂针对白粉病。

提示

药剂不要随便连续使用

治疗性药剂、杀虫剂虽然见效快，但对天敌也会有影响，持续使用会出现耐药性菌或抗药性虫害。局部使用，将使用量控制在最低。每天观察、小心进行预防消毒，一旦发现受害现象，立即剪除染病叶，去除害虫的卵或幼虫、成虫。这样基本上也能遏制病虫害的蔓延。在自家庭院中，要仔细观察，做好不同时期容易出现的病虫害防治工作。

本书出现的农药等，可能由于农药登记变更而无法使用。
使用农药前，必须按照农药使用说明书，掌握该农药针对的植物、病虫害、使用方法等，在此基础上正确使用。

主要虫害

吸食汁液型

蚜虫

嫩芽、嫩叶、花蕾、花萼等新生部分会集聚爆发，吸食汁液为害。参考107页。

多发时期/从花蕾染色阶段开始，气温在17 ~ 25℃
检查部位/花头、新叶、新芽、花蕾
杀虫剂/胺磺铜、乙烯甲胺磷等

红蜘蛛

叶片内侧集聚寄生，吸食汁液的同时传播病毒。酷夏容易大规模爆发。参考117页。

多发时期/从梅雨开始的酷夏时期到初秋
检查部位/饱满的叶片
杀虫剂/乙螨唑、氟虫脲等

牧草虫

发生在花蕾上，导致花被污染。像黑色短线的小虫。从花瓣开始吸食汁液。

多发时期/开花期
检查部位/花
杀虫剂/烯啶虫胺、乙酰甲胺磷等

介壳虫

寄生在枝条上吸食汁液。容易出现在老枝或阴暗、通风不畅的枝条上。

多发时期/生长发育期
检查部位/基部附近的枝条
杀虫剂/29%或0.5波美度石硫合剂喷雾

啃食型

金龟子

成虫基本在夏季爆发，啃食花朵。幼虫别名为根害虫。在土中将根啃食殆尽，盆栽受害时会导致植株枯萎。一旦发现成虫应立即捕杀。

多发时期/开花期
检查部位/花
杀虫剂/噻虫胺、杀螟松等

象甲类害虫（Curculionoidea）

在枝条顶端附近相对较软的地方产卵，花蕾或枝条顶端会枯萎。

多发时期/花蕾染色时期开始，气温在17 ~ 25℃
检查部位/花头和新叶
杀虫剂/烯啶虫胺、杀螟松等

月季叶蜂（Arge pagana）

成虫在月季茎中产卵，从那里孵化的幼虫、成群聚集在叶片边缘，啃食叶片直至仅剩叶脉。参考107页。

多发时期/成虫从春季到秋季，幼虫在成虫产卵后6 ~ 7周左右出现
检查部位/成虫主要集聚在新枝柔软的部分，幼虫主要聚集在新枝顶端附近的叶片上。
杀虫剂/乙酰甲胺磷等

斜纹夜蛾（Spodoptera litura）

幼虫尚小时，在叶片内侧集聚爆发，啃食叶片趋近透明，长大后成为毛毛虫，在夜间啃食花和叶。参考107页。

多发时期/小幼虫多发生于4月末至5月初，梅雨季节结束后，从中元节开始，新芽会相继伸出。毛毛虫在开花期出现（秋天后受害面积扩大）

检查部位/小幼虫多出现在相对柔软的叶和新芽上，毛毛虫出现在花上。

杀虫剂/乙酰甲胺磷、氟虫脲等

星天牛（Anoplophora malasiaca）

成虫在月季的枝条中产卵，孵化后幼虫沿着内侧啃食枝干。一直啃食到根，啃食殆尽后植株枯萎。从穴中排出木屑和粪。

多发时期/4 ~ 6月

检查部位/植株基部和枝条中间

杀虫剂/氯菊酯

（左）成虫啃食枝条。一旦发现成虫应立刻捕杀。

（右）夏末观察植株基部，有锯木屑一样的东西堆积，证明存在幼虫。

纯天然药剂

植物或淀粉等纯天然成分做成的药剂。这些安全性较高的药剂对人与环境的影响都很小，期待它们发挥良好的作用。

分类	药品名	效果
预防杀菌剂	硫黄悬乳剂	除了预防黑斑病和白粉病，也预防其他病害，对红蜘蛛也有一定驱赶作用。安全性高，不易出现耐药性的病菌可以反复使用，但还没有适用于月季的。
治疗杀菌剂	碳酸氢钾	白粉病的治疗剂。药剂成分与小苏打类似。发病初期可移植治疗，也可以补充钾元素治疗。
杀虫剂	除虫菊酯	防治蚜虫、月季叶蜂（Arge pagana），对天敌也会产生影响，所以建议局部使用并且时间要短。主要成分是从一种菊科植物中提取获得。
杀虫剂	油酸盐	防治蚜虫、红蜘蛛。主要成分来源于肥皂。可以堵塞害虫的气门从而达到杀虫效果。
杀虫剂	苏云金杆菌毒蛋白	防治斜纹夜蛾与其他蛾类，以及蝴蝶的幼虫，对人体和其他昆虫无害。见效需要1周的时间。
黏着剂	石蜡剂	黏着在植物上，强化叶子的保护膜，很难脱落。作为预防药剂使用。原料为蜡，对人畜和环境的影响都很小。

月季栽培12月

Q&A

教教我！

种植月季会带给你许多惊喜，但也有很多疑问出现。
一开始有很多不懂的地方十分正常。
下面回答一些令初学者感到不解的问题。

4月

Q 想要长久地欣赏花，就需要不断让花开放，修剪花枝时是随时勤剪比较好，还是等到快要枯萎时再剪比较好？或者等其完全凋谢后再剪？

A 花朵开始凋谢时，即外侧花瓣变成茶色时就剪掉。开完的花连同最近的1片叶一起剪掉。剪掉凋谢的花可以促进之后的花蕾早日开出漂亮的花朵，也可以有效预防灰霉病。单季开花品种，除了欣赏果实的品种，其余品种也应该剪掉开始凋谢的花。虽说如此，如果觉得刚开始凋谢的花也很美，也没有必要剪得太匆忙。

5月

Q 冬季牵引的枝条，叶子虽然很茂盛但是没有花蕾，这是怎么回事?

A 能想到的原因有以下几点：①栽培地点太过避光，光照不足；②修剪不正确，细枝开花的品种修剪了粗枝；③缺水和霜期晚等造成。无论哪个原因，叶子繁茂可以促进植株充分地进行光合作用，培养出健壮的植株，冬季修剪、牵引一同进行，为来年春天做准备。

6月

Q 好不容易开的花，被雨水打得垂头，看起来毫无生气。庭院种植需要避雨吗?

A 架支柱会好一些。没有必要遮雨。首先雨不会将花打得垂头，这种情况恐怕是枝条过细造成的。下雨过多的时期，要做好预防消毒工作。

7月

Q 藤蔓型月季分枝伸长至2m以上时，超过了支柱的长度。在没有支柱的情况下，让它继续生长可以吗？

A 想让分枝继续伸长时，需要用什么支撑要好好考虑。利用顶端优势让分枝径直生长。当没有支柱时，枝条会立刻下垂，生长也会停止，此外，风也会给下垂的枝条造成伤害。如果有拱门或者花架，可以将枝条缠绕其上。如果没有这样的东西，要架长支柱。

8月

Q 叶片黄化变色，已经全部掉落，这种情况只能等着它枯萎了吗？

A 虽然没有看到具体的症状，无法准确判断原因，但是若浇水不足的话就会枯萎。等到叶片全部脱落时仍为干旱状态，对植株伤害更大。因为那样蒸腾作用和光合作用都无法进行，需要移动到避雨的半阴地方观察一段时间。

9月

Q 开花之后伸长的分枝顶端长出许多花蕾，但是植株中间到下方没有花蕾。想要让花朵在植株整体上均匀绽放，要如何才好？

A 9月初的夏季修剪，要修剪成短枝。根据设想的开花位置，挑选适合高度的花芽并修剪枝条至适宜长度，剪掉其他枝条。生长发育期，不要剪去太多叶子，应进行轻修剪。如果修剪晚了，天气一旦变冷就赶不上花枝伸长，重点是要将带有花蕾的花枝一起修剪掉。

10月

Q 连续晴天少雨，虽然湿度很低，但是却得了黑斑病。这是为什么？

A 黑斑病的病菌潜伏在任何地方。经常发生于多雨时期，除了冬季的低温期和酷夏的高温期外，只要淋湿数分钟就有可能染病。更容易从老叶侵入，将植株基部的老叶摘除，通风条件改善，有利于预防黑斑病。

11月

Q 马上就要正式迎来冬季修剪时期了，开花后的修剪是必要的吗？

A 即使不修剪也没事。但是，凋谢但不掉落的品种，如果放任不管就会被雨打湿，促进霉菌生长，所以为了防止产生灰霉病，最好将花枝剪掉。

12月

Q 还剩余很多叶子，需要使用消毒液或营养液吗？

A 这个时期已经没有必要了。进行预防消毒要在修剪后。营养剂或活力剂在移植时使用，用来浸泡根系。要认真阅读使用说明书。另外，残留的叶片，修剪时全部摘除。让病菌和害虫的卵及幼虫无法在叶片上过冬。

1月

Q 因为是暖冬，所以温暖的日子比平时要多，修剪和牵引要在1月中进行吗？考虑到气温等因素，在什么时期修剪比较好？

A 月季在低于5℃进入休眠状态。如果白天持续几日气温低于5℃就可以开始修剪了。在植株还未进入休眠期就强行修剪，剪口就会出水，对植株造成伤害。

2月

Q 如果想用横张型的月季，如‘小仙女’（The Fairy）装饰遮阳伞，如何修剪和牵引比较好？

A ‘小仙女’（The Fairy）的枝条柔软，修剪时尽可能让枝条扩展开来，不需要牵引，可任其自然生长。修剪同藤蔓型月季一样，疏除不要的枝条，其余枝条顶端稍微修剪一些。如果需要让其在广阔的空间中盛开，建议种植枝条能伸更长的品种。这样的品种也能开出很多可爱的花朵。

‘小仙女’（The Fairy）为小花型，花朵可爱，小花可簇生成很大的花团。四季开花品种。

3月

Q 植株总是长不大。2年前换了一个大一圈的盆，还需要再换一个更大一些的盆吗？

A 换盆（换土）最好每年进行。生长顺利的植株，1年时间盆中就会被根占满。如果长期不换盆根系就会交叉缠绕停止生长，对开花不利。将植株从花盆中取出，打散根盘，使旧土掉落，用混好底肥的新土重新种植。如果根系没有扩张到整个花盆，那么就要考虑变更种植地点、浇水、用土等方案了。

月季名录

专业用语

育种　指培育出新品种的工作。为培育出引人注目的花色或花形、株形等进行品种改良。

移植　移栽植株。

单季开花　参考10页

英国月季　参考59页

浇水空间　盆栽时土层表面到花盆上缘之间的空间。浇水时等水渗入土中预留的空间。

白粉病　参考106、171页

液肥　液体肥料。一旦使用便可迅速见效，常用于追肥。

枝变　同一植株由于变异，表现为花色、花形、性质等与同植株其他枝条不同。

疏枝　参考100页

大苗　参考78页

古代月季　参考56页

块状肥料　盆栽施肥的一种，在花盆土上放置固体肥料。每次浇水时肥料都会稍微溶入水中一些，效果缓慢但持续时间较长。

尖头花架

供植物攀爬，木质或金属制的塔状花架。

反复开花　参考10页

杯状品种　参考61页

植株基部　地面附近植株出土的部分。

缓效性肥料　渐渐溶化，作用时间缓慢但效果持久。也称为迟效性肥料。

冬肥　为了让月季在早春活动，根系休眠的12月至翌年2月期间使用的肥料。

直立型　参考62页

休眠期　参考64页

回剪　参考102页

莲座状　参考61页

尖瓣高心状　参考60页

光合作用　植物借助太阳能，将二氧化碳合成有机质过程的总称。

黑斑病　参考106、118、170页

5枚叶　一枚叶柄上有5枚小叶。

根癌病　参考170页

扦插苗　从亲本上剪切下来的枝条（插穗），下端插入土中使其生根形成的苗。

四季开花　参考10页

分枝　参考66页

主干　从植株基部长出，成为植株全体支撑中心的枝干。

灌木型　参考62页

冲洗　叶片上附着的灰尘或红蜘蛛等，用喷头冲洗，适度淋湿叶面。

新苗　参考78页

标准嫁接　在伸长的砧木顶端嫁接的方法。

半重瓣　参考61页

修剪　为了光照通风良好，促使开出更好的花，而进行的剪枝作业。

侧芽　茎的侧面长出的芽。多从紧挨叶的下方长出，也被称为腋芽。

速效性肥料　快速见效的肥料。

砧木　嫁接时承受接穗的植株。一般使用无刺的月季较多。

大马士革蔷薇　参考58页

中耕　疏松坚硬的土层。

顶端优势　参考65页

追肥　反复开花、四季开花品种使用的肥料。开花末期使用，为下次开花补充营养，也称为秋肥。

接穗　月季繁殖的方法之一。剪切下想要

繁殖的月季枝条（接穗），嫁接入已经生根的月季（砧木）茎上。

嫁接口 接穗和砧木结合的部分。

藤蔓型 参考63页

茶香系 参考59页

翻土 冬季寒冷期，表层土壤和深层土壤通过翻动实现交替。可达到土壤消毒、抑制杂草生长、促进植株生长发育的目的。

格架 供植物攀爬的格子状架子。

二茬花 春天紧接着头茬花后开放的花。

根系盘结 盆栽植物的根系完全充满花盆，无法吸收水分和养分的状态。严重影响生长发育，所以要切根，或是换大一圈的花盆。

根盘 将盆栽的植物从花盆中拔出来时根系的状态。

花格 供植物攀爬，一般有遮光棚或藤蔓棚。

灰霉病 参考170页

培养土 以适合种植月季的赤玉土等为基础土壤，按配比混合腐叶土和肥料的土。

盆苗 参考79页

花量 花朵的数量。

花期 花朵绽放的时间。

摘心 为了促进新梢分枝，趁着枝条柔软的时候将顶端摘掉。

双色花 花瓣从顶端开始，花瓣边缘与中心部分颜色不一样。

簇生 由很多花组成花团的开花性质。

腐叶土 阔叶树的落叶经堆积半发酵形成的土。可以用于土壤改良。

遮阳竹帘 参考113页

匍匐 枝条沿着地面弯曲生长。

绒球状 参考61页

护根方法 植物基部用稻草或腐叶土覆盖。可达到抑制杂草生长，促进植株生长发育、保温、保湿的效果。

种子繁殖 繁殖方法之一，用种子培养植株。

微型月季 花朵直径在5cm以下，高20～50cm（微型藤蔓月季一般在2m以下），叶小、植株矮小的月季。

疏芽 参考100页

现代月季 参考57页

底肥 栽苗前施用的肥料。

牵引 枝条在花架上固定。

有机物 腐叶土、堆肥、硅酸盐白土、牛粪等。作为土壤改良材料使用。

叶柄 叶子和枝连接的部分。

横张型 横向伸展枝条的特性。

月季果实 富含维生素C。

长藤苗 参考79页

图书在版编目（CIP）数据

园艺大师后藤绿的月季12月栽培手记/（日）后藤绿著；新锐园艺工作室组译．—北京：中国农业出版社，2020.10

（园艺大师系列）

ISBN 978-7-109-27123-4

Ⅰ.①园… Ⅱ.①后… ②新… Ⅲ.①月季－观赏园艺 Ⅳ.①S685.12

中国版本图书馆CIP数据核字（2020）第135463号

合同登记号：01-2018-8283

YUANYIDASHI HOUTENGLǗ DE YUEJI SHIERYUE ZAIPEISHOUJI

中国农业出版社出版

地址：北京市朝阳区麦子店街18号楼

邮编：100125

责任编辑：谢志新　国　圆　郭晨茜

版式设计：郭晨茜　　责任校对：吴丽婷

印刷：北京中科印刷有限公司

版次：2020年10月第1版

印次：2020年10月北京第1次印刷

发行：新华书店北京发行所

开本：880mm × 1230mm　1/32

印张：6

字数：180千字

定价：56.00元
